天下难事，第一人事

职场人都明白的事

朱复融 著

廣東旅游出版社
GUANGDONG TRAVEL & TOURISM PRESS
悦读书·悦旅行·悦享人生

图书在版编目（CIP）数据

天下难事，第一人事 ：职场人都明白的事 / 朱复融著. -- 广州 ：广东旅游出版社，2014.8
ISBN 978-7-80766-875-6

Ⅰ. ①天… Ⅱ. ①朱… Ⅲ. ①成功心理一通俗读物
Ⅳ. ①B848.4-49

中国版本图书馆CIP数据核字(2014)第110124号

绘　　图：王山甲
责任编辑：陈晓芬　高　玲
装帧设计：张红霞
封面设计：刘红刚
责任技编：刘振华

广东旅游出版社出版发行
（广州市天河区五山路483号华南农业大学 公共管理学院14号楼3楼）
邮　编：510642
电　话：020-87348243
网　址：www.tourpress.cn
印　刷：广州泽美印业有限公司
（广州市荔湾区龙溪大道283号第一栋第三、四层）
开　本：720mm×990mm　16开
字　数：104千字
印　张：16.5
版　次：2014年8月第1版
印　次：2014年8月第1次印刷
定　价：19.50元

目录 CONTENTS

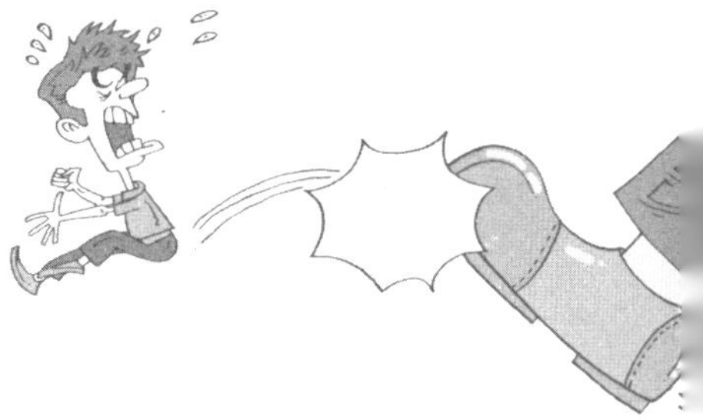

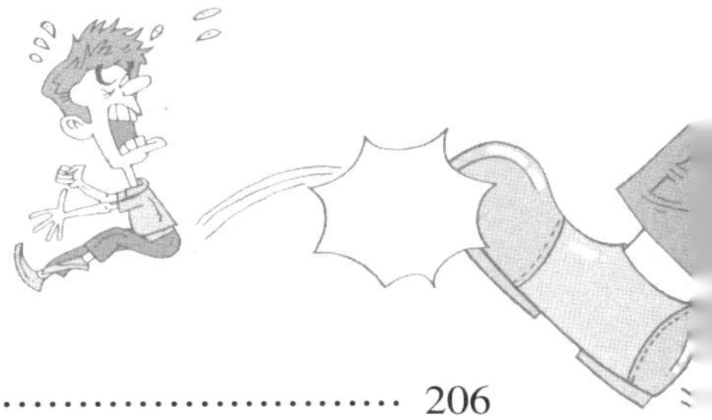

●自序·要拿上司当回事

初入职场的菜鸟们私下里会怀着各种复杂的心情对自己的上司评头论足：那个坐在单独的办公室里经常透过玻璃窥探监视你的人；那个成天不干活却用锋利的言辞专挑你几根刺的人；那个只准他不断引爆脾气、不许你吱半声的人；那个手势夸张、威猛能划碎办公室空气让你后背透冷风的人；那个冷不丁地把一双你从未见过的小鞋送到你面前的人。当然，他也可能只要求你达到规矩的底线、抑或想要了解你具体细节的那个人；也可能是菩萨低眉、体贴下情、乐于提携让你如沐春风感到温暖的那个人。不管你喜欢还是讨厌他、接近还是远离他，在你和他共处的工作圈子里，上司，必定是你绕不过、理还乱的那个人。

人生如行走的江湖，好运与败运同生；职场似开布的棋局，快乐与郁闷共存。对于身处职场的菜鸟们来说，首先要铭记的是：上司是自己第一个要服务的客户。他不满意，你的愿景犹如憨牛拉旧车越拉越重；他高兴了，你的明天想必是快刀切竹笋——节节轻便、段段顺畅。

而今，清高的你，自尊的你，满腹经纶的你，怀才不遇的你，怨天尤人的你，大文凭塞在兜里早已摸得发烫的你，实际上，这些都是无济于事的你。山不厌高，海不厌深，你现在必须面对的是，要先学会当下属。这不仅是上司的固有希望，更是自己的天然任务。上司不会当下属，还可以继续当他的上司；可下属如果不会当下属，那又干什么呢？

从某个角度上来讲，上司就是你的衣食父母，他可以决定你能否拥有这份工作，决定你薪水的抛物线是升是降，决定你的职位升迁的时速是快是慢。你可别小觑了，学会当下属、学会与上司相处的艺术能让你就势得利，最终一点“不差钱”!

当然，要拿上司当回事，这话说起来简单，做好了还真是个技术活。它既不像姚明上篮板一般轻松，但也不像国足临门一脚那般万难。

职场是片大林子，不同的下属爱栖不同的枝头，不同的上司爱听不同的“歌”。那你就得对不同的上司唱不同的“曲”，以保证职场“生态”的和谐与稳定。但无论如何，上司也是肉体凡胎，也有七情六欲、喜怒哀乐，也有脾气、有偏好、有坏毛病、有人情世故、有家常琐事。这就自然决定不同的上司会有不同的文化背景、性格特点和处世方法，聪明的下属只要了解上司，把握了上司的具体特性，在战略上重视他，在战术上也不轻视他，就能与他悠然共处于一个同业圈子中。别忘了，上司“任人唯亲”中的“亲”人，当然都是在他身边经常出现的熟面孔哦!

如何点中上司的快乐穴让他不停地咯吱吱地乐下去？如何在职场的游戏规则中与上司和睦相处、尽享其成？玄机在哪？这正是本书要奉献给你的一些算不上经典韬略的职场雕虫小技。

本书共分九章：职业自然圈——工作环境与办公室生态；办公室智慧

经——拟态和保护色；官大一级——上司就是上司；基础法则——服从上司意志；征服上司——做一面被赏识的金牌；和谐空间——与上司适度的距离；设陷与解套——上司的小鞋样本；职场柔道——与N种类型上司过招；磁场原理——与异性上司的恰恰舞。此九章从职场心理学、职场人际学、职场行为学等不同的侧面帮你剖析上司的御人心理、处理手段、个性特点及你所要应对的策略和方法。每篇文章集职场众智，精炼短小，调侃诙谐，大胆表意；一册在手，似曾相识，轻松阅读，心领神会。搞掂上司不心累，崎岖职场变通途。

感谢我的好友——中国肖像漫画家学会筹委会副秘书长、著名漫画家王山甲先生为本书绘制了许多妙趣传神的情景插图，为这个沉重的冷阅读时代增加了轻松快乐的元素，他每一丝幽默的色彩真确地渲染了本书的风格。

作者

2009年8月

第 1 章

职业自然圈：工作环境与办公室生态

工作环境的基本状态

到什么山唱什么歌，不同类型的职场就有不同的游戏规则。你可能深恶痛绝，或是无知无觉，但当职场的游戏规则影响你的时候，那就是春雨润物细无声，那些看不到的分子已在悄然之间发生了作用。还有人把这引申到“职场政治”之说，尽管有戏说之嫌，但努力地去了解职场政治，却是你必须认真对待的事儿。

不同的职场环境，给人带来的感觉也是不一样的，这也会让你的态度变得不同。当你身处一个不会让你有太紧迫的感觉，而且周围的工作效率也不是非常高的工作环境时，时间一长，你也会感觉到很累，对初出茅庐的菜鸟来说，这种现象经常遇到。一些对韩剧或是台湾偶像剧中毒颇深的菜鸟们，总以为纸醉金迷、富豪之家、白领丽人等工作状态就是自己将来要过的生活，他们无限放大了“年轻就是无限可能的”这一可能是随口说说的励志之言，他们在潜意识中认为，第二个比尔·盖茨或者第二个李嘉诚就是自己了，而且自己会在更年轻的时候能达到这种目标。在这么一种热血和亢奋的状态下，年轻的菜鸟们总会在犹如温水煮青蛙一样的现实之中碰得鼻青脸肿，以至于又怀疑起自己来。

当然，你也可能在另外一种环境中认为自己的能力不错，但那地方除了对行业和内部运作要了解之外，在专业上还会有障碍，即工作有紧迫感，工作的节奏感之快有时甚至让你感觉喘不过气来。尽管现在大家都在说社

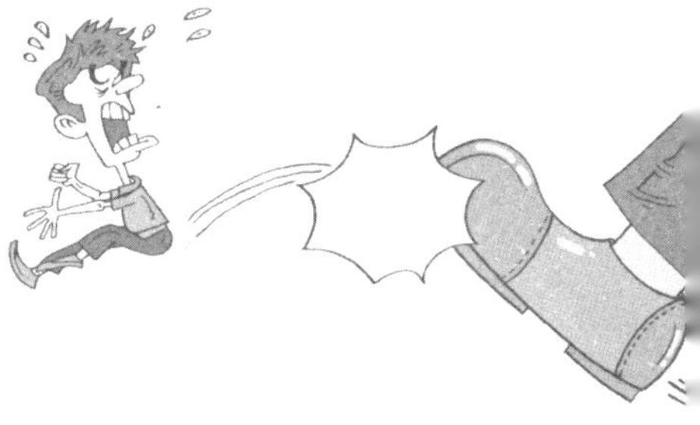

会节奏是很快的，但对一个新人而言，一般刚到一个新单位上班，就感觉那里的工作节奏特别快，还真有点不适应的感觉。加上做的事情有太多的重复，非常的繁琐，也无需你用太多的精力去做一些规划，在这样一堆差异不大的工作里面，聪明的你大概只需要看个三五天就能上手了。当然，这时候，也有些人虽有行动的效率，但缺乏思考的动力，一些应该考虑的地方反而忽略掉了。

偏偏在这时候，你遇到了一个怪老大，也就是所谓的上司，他好像有意无意地欺压你，比如，他经常会把他自己的那一摊事情丢给你做，并对你做事的一些方式指指点点的，这时候，你就应该有些心理准备——郁闷的季节来临了。

你有“地盘意识”吗?

即使是做个打家劫舍的土匪，也会占个山头，拉一杆大旗，那气势就是在向人宣告——这地儿就是我的了！说白了，这就是一种充满霸气的地盘意识。别说人，就连猫都有这种意识。地球人都知道，母猫撒尿是必须要找个东西的，而不是随便找个地方，这个东西就是充当了地盘标志的作用，母猫这也是在向其他的阿猫阿狗宣布：这个区域是我的了。如果恰好你也养猫，如果你的猫撒尿忽然变得很随便了，别急，除了一些生理上的原因之外，只有一点，那就你家里有新的猫来了，这是母猫在生气呢。

猫是温柔的动物，它占个地盘，用的是一种很温和含蓄的方式，也就是撒撒尿而已。有些动物可不是这样呢。比如狗，这家伙可厉害了，在它认为是自己的势力范围内，就会在边境线上先到处抬腿尿上一圈，以自己的体臭为标记。如果遇到一只公狗来了，两狗之间必定有一场流血的战争。不是它滚，便是我逃，一地岂能容二狗？当然，这家伙还有势利的一面，如果是母狗，它的尾巴就摇得很欢，那是在表达它的无限欢迎之情。

人肯定是不同猫狗的，所以人的地盘之争，也不是温柔或者暴力那么简单的。人类之争抢地盘，是自然界里最热闹，最高明，最充满智慧，也最机关重重、招招见险的惊险剧，观者也远比动物界的动物要狡猾和各有盘算。

职场更是如此，这个地方的地盘概念，是由你上司权限的深度与广度

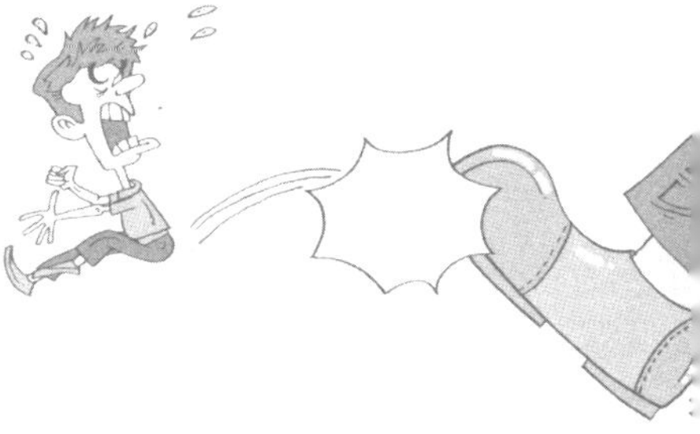

决定的，说得通俗一点，就是你上司权力范围的影响力。观察和读懂，就成为一个菜鸟进入职场时先要弄清楚的两个问题。

先说说观察吧。在一个新的工作环境中，你所面临的核心环节就是你对这块地盘的深入了解。其实，在工作中观察上司也比较容易，俗话说：“无意识的动作是最真实的。”上司在办公室里的活动，应该是你观察的重点：坐在部下的办公桌上与部下畅谈的上司；径直去向自己办公桌的上司；漫无目的地在室内转来转去的上司；来无影去无踪的上司。在不同的举止之中，他的心理状态是不同的。

这些都是需要你去慢慢读懂的。最起码的一点，也是一些菜鸟容易犯的错误——肆无忌惮地就坐在上司的办公椅上。殊不知这就犯了大忌。对于上司的地盘标志而言，办公桌就是一个重要的象征物，他们这些有特点的办公桌就是行使权力的象征。上司的办公桌可以说是本部门一切活动的中心，它的活动范围的大小取决于上司的权责与能力。你坐在上面了，是不是有点像新来的小猫呢？这时候，母猫的感觉如何，你自己掂量掂量吧。

当然，在自己的地盘内，有些上司也非我们想象中的那么复杂。他有时看起来不拘泥于头衔，对下属不摆架子、平易近人，有时还给人乐于助人的感觉，关键的时候还值得下属信赖。

如果碰到上面说的那种上司，那就是菜鸟们的幸运。但现实中，更多的上司是难测深浅的。单纯的表现，你根本无法判断他心里的小九九是怎么样的。他在干什么呢？他在办公桌前转来转去在想啥呢？这个时候，你就要有点做学问的精神了，你的研究课题就是你的上司，研究范围就是他的地盘。

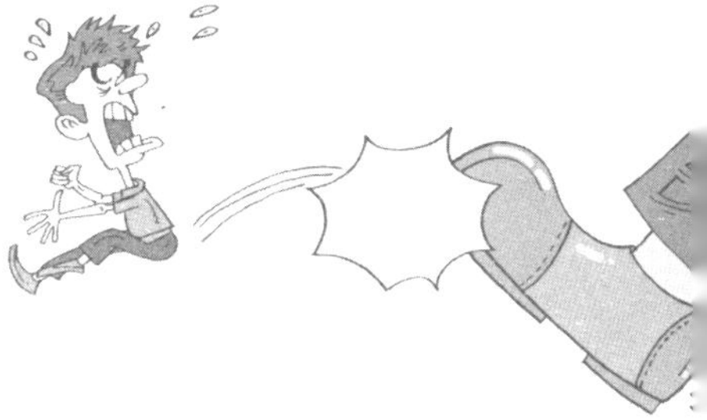

办公室里的“江湖客”

有人的地方就有江湖，办公室更是如此。你第一天走进那个办公室的时候，当各色人等带着各种表情与你热情握手的时候，你的心里应该有个声音提醒你，从今日起，你开始进入了一个新的江湖。这个江湖里，大家的性格、大家的背景、大家的能力等等都是参差不齐的，这时候，你要做的，就是如何在这个江湖中找到一个自己的位置。

江湖一般的办公室里有多么精彩？你不妨再回头去看看那个搞笑的《武林外传》。那里的同福客栈就是一个古代版的办公室。抠门的女老板和来自五湖四海的小职员：会偷懒的小杂役、爱偷吃的厨师、酸溜溜的书生和擅长拍马的跑堂。这样的一个团队，能在更大的江湖中立足，并经营得有声有色。

一个已工作了半年的美眉，有一件郁闷的事情让她憋在心里很久了，那就是她所在的办公室里气氛相当沉闷，能有一声屁响就都当作是原子弹试爆了。在这个办公室里，同事们各忙各活，说话的声音是诡秘而稀少的，笑声更是罕见。她是一个活泼的人，有时候在办公室里想放松一下，可是遇到这种所有人都沉默的情形，她就感到特别难受和压抑。她常常忍不住猜测其他人不说话的原因，想来想去总是怀疑自己做错了什么惹得大家对自己不满。

偶尔，上司带着女助理外出，办公室里的气氛也会轻松一会儿，四五

个人在一起以地下人员接头的方式用最小的分贝聊一小会儿，那时她的心情也会跟着偷偷摸摸地稍稍放松一下。但是这种时候实在太少了，多数时间她都特别紧张，生怕做错了什么，每天小心翼翼，别人不讲话，她也跟着集体像一只沉默的羔羊。这样的日子令她难以忍受。

不同的办公室自然有不同的办公室原生态。有的办公室虽然每天工作忙碌，但工作的人心情很好。轻松愉快的办公环境，和睦相处的同事，让大家都有一种归属感，想在此留下来，为公司付出，也为自己的衣食住行而有收获。如果大家都很容易相处，像朋友一样，工作中营造出一种团结互助的精神，那是最理想的。

但多数时候，办公室的生态都是那个美眉所遭遇的。办公室生态，从其形成来看，也是不同企业文化长期沉淀形成的，简单来说，它是一个公司管理水平的体现。人是天生的政治动物，你要适应这种办公室生态，你要做的就是能与办公室各色政治人物和睦相处。你如果能做到游刃有余，无疑，你就成办公室政治中的资深人物了。

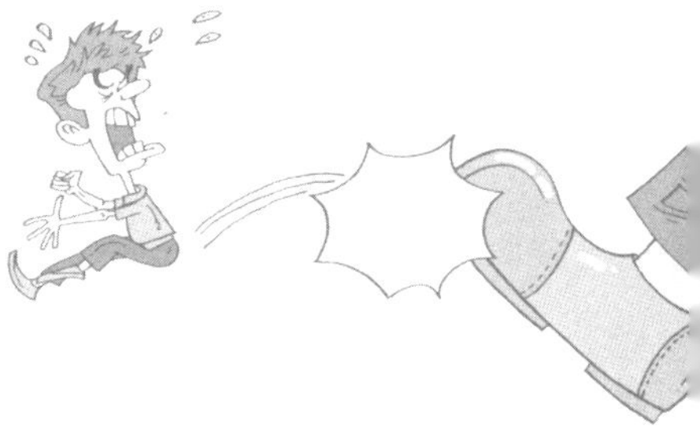

办公室的智猪博弈

有这样一个经典的经济学故事。一个农夫家的猪圈里养着一头大猪，一头小猪。农夫文化不高，但是一个非常聪明的人。他的喂食方法是机械化的：他在猪圈的边缘安上一个踏板，每踩一下，远离踏板的投食口就会落下少量食物。如果是小猪踩踏板，大猪会在小猪跑到食槽之前吃光所有的食物；若是大猪踩踏板，则小猪还有机会吃到一点残羹冷炙，因为食量不大，倒也让它能吃个饱。

聪明的小猪发现了这个窍门后，从此就安安心心地等在食槽边，而大猪则不知疲倦地奔忙于踏板和食槽之间。在办公室里也有这样的“小猪”，他们舒舒服服地躲起来“偷懒”，那些勤奋的“大猪”们却疲于奔命，还被小猪暗暗嘲笑。

我们不妨来分析一下，大猪和小猪在这里是如何博弈的。踩一下踏板，将有相当于10个单位的猪食流进食槽，但是踩完踏板之后跑到食槽所需要付出的“劳动”，要消耗相当于2个单位的猪食。

如果两只猪同时踩踏板，再一起跑到食槽吃，大猪吃到7个单位，小猪吃到3个单位，减去劳动耗费各自2个单位，大猪净得益5个单位，小猪净得益1个单位。

如果大猪踩踏板，小猪等着先吃，大猪再赶过去吃，大猪吃到6个单位，去掉劳动耗费2个单位净得4个单位，小猪也吃到4个单位。

如果小猪踩踏板，大猪等着先吃，大猪吃到 9 个单位，小猪吃到 1 个单位，再减去劳动耗费，小猪是净亏损 1 个单位。

如果大家都等待，结果是谁都吃不到。

打个不恰当的比喻，在办公室这个农场里，你是愿意做“大猪”还是“小猪”呢？有一点需要明确的是，“小猪”笃定一件事：大家是一个团队，就是有责罚，也是落在团队身上，所以总会有“大猪”悲壮地跳出来完成任务。

不管怎么样，做“大猪”固然辛苦，但“小猪”也并不轻松啊！虽然在工作上可以偷懒，但偷懒的代价是，需要花费更多的精力去编织、维护关系网，否则温饱可能都要成问题了。

有些人很聪明，他尽管并不知道小猪的故事，不过却在无形之中使用了小猪的策略。从表面上看，会做“小猪”的人都是聪明人，但话又说回来，这种聪明并不值得我们在职场里提倡。干事情，关键是要把事情做好，关系、人缘都是外在的力量，虽能风光一时，却不能永久保险。如果小猪身处的环境需要他独立完成任务，这时候，他还能找谁做而自己可以偷懒呢？

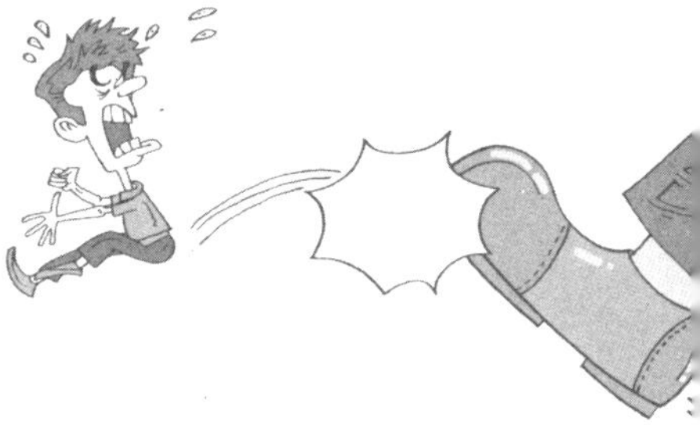

办公室政治雷区

在办公室里，“办公室政治”这个词，会引起一些冥顽不灵以自己的想象替代现实的菜鸟们的反感，事实上，他们误读了这个“政治”的内涵。政则正也，所谓政治，就是公正地做事，准确地做事，做正确的事。

一个人工作业绩的评价标准，不仅仅是事情做得怎么样，还要考虑怎么样与周边的事物协调，成为和谐办公室的一个重要分子。这是一种本事，甚至可以说是一种艺术。你也可以很优雅、很艺术性地把办公室政治变得不那么沉重，甚至是好玩起来。

在办公室政治中，有很多低级行为会伤害你的职场表演商数，有些办公室政治的隐形地雷，你必须小心绕过。

在公开场合去挑战公司的信仰，是第一颗隐形地雷。对一个公司深信不疑的价值观、信念及企业文化进行公开批评，就算你有太多的理由，“不忠诚”的标志贴定你了，你的饭碗随时被敲碎。

过于轻信上司的许诺，是第二颗隐形地雷。也许你确实心地善良，笃信“我若真诚待人，人一定同样对我”，尤其是对上司，你甚至相信你上司今年没给你加薪水是因为上司是处在水深火热的危急关头，必须得拿你那点可怜的薪水去救火。你轻信上司的唯一后果就是，当某天你离开公司的时候，在后面眯着眼睛得意笑的是上司，因为上司觉得上天曾经给他安排了这么好的一个员工呢！唉，真是踩了一颗隐形地雷。

暗地里搞小集体，玩小圈子，是第三颗隐形地雷。尤其是在人多的公司，时间一久，有人就将江湖划而治之，最直接的表现就是，总有那么两三个人小声交头接耳、突然哈哈大笑、做事情你我不分等等。这样的小集体，要么会被人敬而远之，要么就是被人驱之而后快。

对上司轻视傲慢，是第四颗隐形地雷。打断上司的笑话、公开纠正他的错误以及质疑他的决心，想想看，无论是在私底下还是在公开场合，你这样做，上司会怎么想？再想想看，你在上司心里成了这样一个人，你能收获什么呢？你逞一时之能，上司则悄悄给你埋下一颗雷。

在背后议论上司的是非，是第五颗隐形地雷。基本上没人不背后说人的，这是咱们这个社会的传统文化，也基本上没有员工不说老板的坏话的，这也是咱们这里的职场文化，有些人还以说老板的错误来显示自己的智商高人一等。不过智商高并不都是好事，你的话很有可能在短时间内被原版复制到老板那里了。你自己想想，你的饭碗都是他给的，智商重要还是饭碗重要呢？嘴巴上衔颗地雷真是太危险了。所以呀，如果你实在憋得难受，干吗不去找个沙袋吊起来，上面写上上司的名字，然后给那个家伙一顿好揍？这样做既泄愤又排压。

公开激化与同事的矛盾，是第六颗隐形地雷。大家走到一个办公室来，很少是志同道合、志趣相投的，说白了，大家是来求生存的，说远点，是

来求发展的。所以在这样一个地方，你与你的同事不发生摩擦，不发生矛盾，那是君子国的状态。如果矛盾发生后，你又该怎么办呢？以你一向坚持原则的脾气，去跟他争个你死我活吗？如是那样，你得罪的将不是他一个人，你在这个办公室的人气也基本崩盘了，群众雪亮的眼睛在看着你呢，一个连同事都不尊重和不给面子的人，怎么能做好同事呢？跟你吵的那个人就更不用说了，等着吧，挖坑埋雷的“嘎子”马上就出现了，不怕你现在闹得欢，就怕秋后拉清单。

瞒着上司越级报告，是第七颗隐形地雷。你很有想法，你关心公司的

发展，你对公司的问题心急如焚，你觉得必须去找老板面呈才能显示你的诚意。就在这样的诚意中，你已经与你的上司结下了梁子，他能做你的上司，自然是有他的基础的，你绕过他，这也太不给他面子了。

陷入公司里的人事斗争，是第八颗隐形地雷。与天斗，与地斗，与人斗，其乐无穷，看似一种具有快感的行为，实则是缺乏理智的躁动。当你准备去享受这种快乐的时候，你得好好想一想，在任何时期，在任何地方，结盟都是一种利益需求，以你一介普通职员的身份，那些公司里的实力人物为什么要找你结盟呢？除了做炮灰，或者是做棋子，估计也找不到其他原因了。在你成为某次斗争的牺牲品之前，你也许还浑然不觉。无论哪一家的或者哪个国的公司都是如此，干吗不老老实实把自己那份工作做好呢？让他们斗吧，你就当是在欣赏马戏表演吧！

做长舌妇，是第九颗隐形地雷。你大概是自我感觉太好了，你昨天中了 100 块钱的刮刮乐的事，你都要在办公室的同事们面前张扬张扬。这还算好点的了，若是你连上司喜欢挖鼻孔的细节都会拿去跟大家分享，你丝毫没想到，这些事情传出去后，你的形象是怎么样的了？要知道，这是在办公室，就算是在奥巴马老家，长舌妇也总是被人鄙视的。

接受不应得的功劳，是第十颗隐形地雷。不管怎么说，抢功就是拉引信。上司抢属下的功，会扼杀员工士气；抢同事的功，明摆着要树敌；而

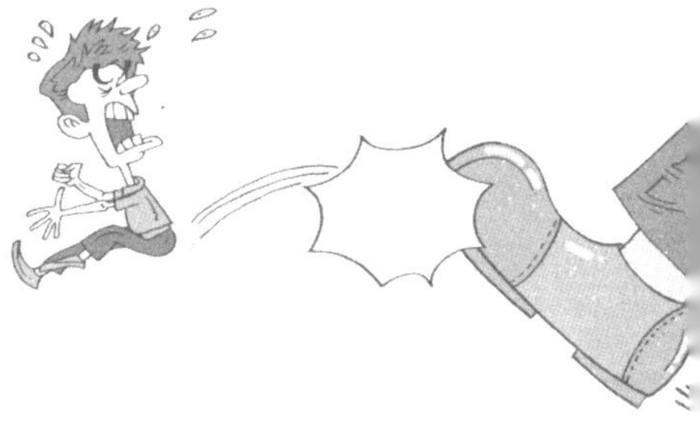

下属抢上司的功，那纯粹是想找小鞋穿。更何况，这动作天生缺乏职场风度。

私下打听薪水，是第十一颗隐形地雷。薪水这问题大概是办公室最吊人胃口的，有的公司实行保密工资，把工资的等级整得跟老皇帝钦定太子密诏似的。大多数公司是不喜欢职员之间打听薪水的，有的公司甚至在规章制度中白纸黑字写着这条规定。因为同事之间工资往往有不少差别，同工不同酬是上司常用的手段，用好了，是奖优罚劣的一大法宝。但它是把双刃剑，用不好，就容易促发员工之间的矛盾，而且最终会掉转刀口朝上，矛头直指上司。这当然是他所不想见的，所以，“包打听”之类的人是上司最提防的人。即使有人主动找你谈这事，你最好还是耍个太极打住。

随意“真情告白”，是第十二颗隐形地雷。“我在这个部门真是倒霉啊！”“我们那个经理啊，真是糟透了……”你倾诉时，可能感觉真情告白真是太畅快了，而且还有一个装得很认真的听众。殊不知，这个听众有可能就是那个告密的王连举，你的真情告白，换来的可能就是上司心中“某人不适合这个岗位”的印象。

喜欢嘴巴上占便宜，是第十三颗隐形地雷。同事之间开开玩笑也无伤大雅，有的甚至还是同事间和睦的调和剂。但有的人喜欢拿别人的缺陷当笑话，把别人的工作过错当上班“点心”，为讨别人的便宜就过足了嘴瘾。

有些人不论国家大事还是日常生活小事，一见对方有破绽，就死死抓住不放，非要让对方败下阵来不可；有些人对本来就争不清的问题也想要争个水落石出；有些人常常主动出击，人家不说他，他总是先说人家。等哪一天你把人人都“说服”了，估计办公室里也没有跟你说话的人了。

到处施展你的超人口才，是第十四颗隐形地雷。你大概是想显示你思想活跃，显示你的演讲才能，以此让上司对你刮目相看。但遗憾的是，几乎所有的上司都讨厌看见一个喋喋不休的，像一只刚下完蛋的母鸡那样的“咯咯咯”收不住嘴的人。记住，能用三分钟表达完的事情千万别说上三个小时，如果你是那种不讲话就会发疯的人，那就建议你先在家里对着墙壁大声说上一个小时，直到筋疲力尽，直到没有心情在办公室胡说八道了再去上班。

与上司的女秘书调情，是第十五颗隐形地雷。这大概是办公室里最弱智的行为了，它基本可以肯定你是在自寻爆点。即使你的上司和他的秘书之间的关系像办公室里的桶装纯净水一样透明无瑕，你也别忽略一个正常男人对异性的占有欲和对同性的嫉妒与敌意，就像你在大街上看见一个超级美女被一个丑男人拥抱着的时候，你一样也会心中暗骂：“哼，这走运的臭小子！”更何况是上司的女秘书，嘿嘿嘿……你得悠着点，当心上司哪天突然来感谢你八辈子祖宗。

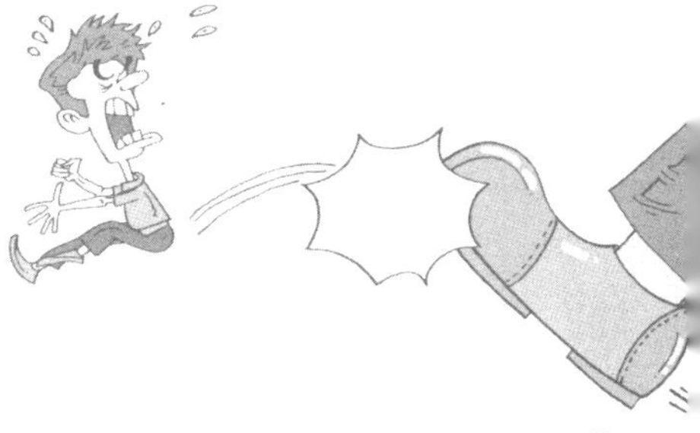

此外，还有一些散雷，平时你也得注意。比如，因为工作出色或者接了大业务被上司表扬提升，在上司还没有宣布的情况下，自己就在办公室里四下招摇或故作神秘对关系好的同事透露。殊不知，那同事刚刚被上司批评了，心里正憋闷呢，你告诉他这事，什么意思呢，伤口上撒盐吗？如果意向中的事情并未成为现实，你反而还被批评了，该是多么狼狈呀。

当然，你处心积虑地考虑与办公室人的相处，并不是你一定要牺牲自己的一切原则，如果你与所有的人都打成一片，那也有些主次不分了。只是说，你要争取做到的是不要成为毫无人缘的“办公室讨厌虫”，有些事情，人家能帮上你一把，就善莫大焉了。

办公室众神漫像

幸福的感觉大概是相同的，而不幸则各有各的故事。办公室里也是这样，受欢迎的人都是差不多的，但讨厌鬼却各有各的特色。办公室生态是职场丛林中最显著的生存状态圈，就像一所魔法学校里的迷局，不明就里的闯入者只会觉得牵丝攀藤，步步危机。这些办公室内的特殊人物，有的特别会说会演，有的特别会躲会摸，有些特别会计较争取，有些特别会交际应酬，正所谓唱白脸的、唱红脸的和唱花脸的一个不缺。你不妨在心里给这些神仙画个像，然后再想想应对之策。

老张一年前进某外资公司，当时也没多想，为了生活一心向钱看。这是个大公司，组织庞大、关系纵横，耳闻目睹办公室政治，老张还是第一次。不知是老张比较愚钝，还是对职场的事知道得比较晚的缘故，其实在这个新生的部门里早已暗潮涌动。常言道“十年人事几番新”，可是在他的办公室里，短短半年，身边已都是新面孔。一个在这家公司扎根将近 10 年的接近 40 岁的男人，在初到公司的老张的眼皮底下轻描淡写地把他认为难以照顾的旧人新人们一一重新分配或扫地出门。毕竟职场里有的是人，短短两月新人又进，多是 80 后的小朋友，其中亦有具资历之人，又一派生气景象。

就是这些特殊人物或者令人头痛的人，是你必须在办公室里用心经营的人。这些人一旦成为你的上司，就更让你难以捉摸，头疼不已了。你必须拥有两分心明眼亮，三分为人诚恳，四分半工作能力，还有半分不能缺的运

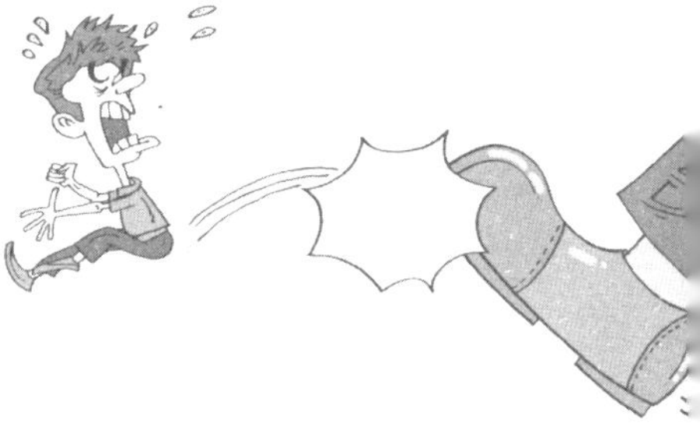

气！办公室里鸡毛蒜皮的小事往往能决定你的工作效率，而那些平日不起眼的所谓小人物，他们的潜能会让你大吃一惊，甚至影响到你的业绩和升迁。

除了老板和主管上司之外，办公室还有哪些神仙在影响着办公室生态？他们让你搞不定摆不平，还时时让你吃点小亏，唾面自干。

长袖善舞的老鸟

所谓老鸟，是一只和菜鸟完全对应的办公室“得道真君”。经验丰富自然不用说了，以他在此处混迹 5 年以上，大可想象得到他在此处的能量及对当下状况轻重缓急的拿捏。他可能对任何人都彬彬有礼，包括对你这样的菜鸟，也表现出让你感动的平易近人；他对任何人都客客气气，每个人他都认识，到处维持好关系，但绝不强出头或过于表现。此类人一般不会故意得罪你，但如果你得罪他，那你就会把亏吃得一塌糊涂。

不打招呼的“巡视城管”

这人就是办公室的城管，他做什么事都是不打招呼的，突然袭击是他最擅长的拿手好戏。这种人一般是你的主管，你尽可以把不满藏在心里，你尽可以这样想，主管实际上也是对事不对人，你要保持一颗遵从与体谅的平常心。当然，你也得积极应对，比如，在办公室少干下列这些事情：少打瞌睡，少扯闲言，少上网批发你的滥情和呓语。

你背后眼睛亮度最高的人

不用说了，就是指人力资源部的人。一个人在公司的“生老病死”他们管定了，他们无处不在，他们每天的工作就是算计如何搞出用最小代价换取最大回报的提议来讨好老板。他专业不如你，但他如果看谁不顺眼，他可以在考核、薪酬奖金分配方面给你穿小鞋。迟到、早退看起来不算什么，但是只要他们想做，随时随地都可以揪你的小辫子，你的表现又会好到哪里去？这样的人，老板是最喜欢的，所以得时时留神，在你的背后还有一双发亮的眼睛在盯着你。

沉默而伤力超强的“小人物”

别小看了办公室里的一些“小人物”，他们永远是麻烦制造者。比如以

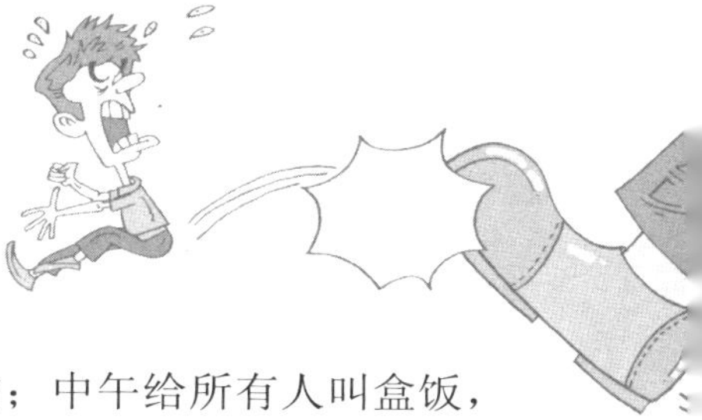

“格式不对”为由，叫你反复粘贴报销单据的出纳；中午给所有人叫盒饭，独独漏了你那一份的前台；每次领文具都要你陈述理由半小时的行管……在一般人印象中，这些人都是不起眼的，或许压根就没想到办公室的气氛趋势也与他们有关。要知道，在一个生态系统里，哪怕是一只蚂蚁，如果它在匆忙搬家，那就说明天要下雨了。这些人职位不高，却也有足够的“杀伤力”，小觑不得。你可以抱怨得呵欠连天，但抱怨之后你也该想想，办公室里他们为什么独独刁难你一个？如果你只以看小人物那样去看他们，够你受的事情还在后面。蚂蚁啃骨头的故事就不相信你没听过。

碰不得的办公室“红灯族”

这种人以财务部人员为代表。你不要以为财务部的人只是做做财务报表、开开单据那么简单，实际上，“老子不求人，人人求老子（特别说明：财务部一般以女士居多，如用“老娘”这词更不雅）”已经成为一些财务人员的信条，在这种信条的支配下，他们天天觉得自己是救世主，是其他员工的再生父母一样。这帮人其实在公司里是同事们最不敢得罪的一群人。在以数字化生存的时代里，财务人员已经从传统的配角逐渐走入参与决策的权力核心，他们对各个部门业务的熟悉程度简直会让你大吃一惊；而对金钱的斤斤计较也使得老板对他们言听计从，忽明忽暗的常成为老板的亲信。

当红“炸子鸡”

资历不深却颇受公司器重的办公室新宠，会越来越多地出现在办公室里，甚至会让你怀疑自己还能不能跟得上形势。但是妒忌与羡慕都不会有

助于改善你的处境及角色的转换，比较聪明的方式是仔细观察，自架一台显微镜，研究一下他们是如何“当红”的，研究他们实际也是提高自己。

说不清，道不明的秘书

他们的角色太复杂了，老板的亲信、参谋、旧日同窗好友、童年伙伴、邻居，也可能是老板的太太，甚至可能是不在编的情人，虽然他们的头衔只是秘书。但他们发起威来，你的经理主管们都唯恐避之不及，何况是你？大哥大姐无处不在。进入公司的第一件事，就是把他们认出来，先保持距离观望一阵，是你的最佳选择。

把关风景门的同事

有些职场菜鸟可能会天真地认为：“我跟自己部门的同事关系好就可以了，理尔等人干吗？”大半同事只是脸熟，在茶水间擦身而过也未必会打个招呼。在这种想法支配下，他把自己就局限在一个部门的小圈子里。他大概不知道，有些办公室人员的职位虽然不高，权力也不怎么大，跟你隔着部门，平时也没有什么工作联系，但是，他们处在关键位置，资历比你高，办公室的风浪经历比你多，要在你身上找点毛病、失误，实在是易如反掌。身处公司大环境，不见得“风景这边独好”。

无可奈何三种屁股的人

进了职场，你就会发现有许多基因突变的人，最典型的特征就是他们长着动物的屁股，你不可小看。这些“角色”有的背景深厚，有的资格老壮，有的具有超凡功能，反正都不是好惹的主。初进职场的你，对他们只

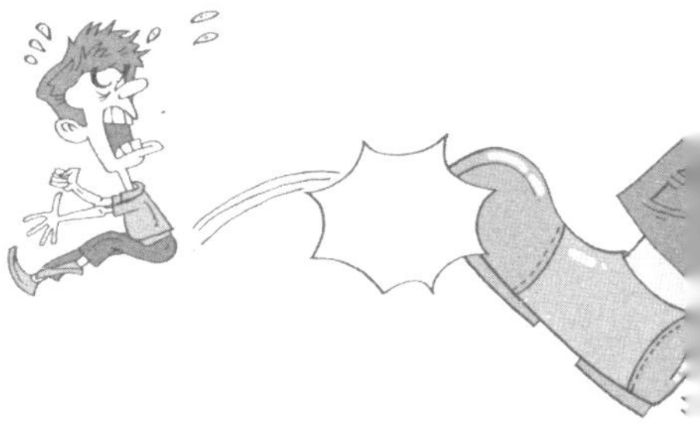

当看一出小戏，只看不说不随，就是最明智的方法了。

第一种是做事自始至终缺乏主动性，很像一盏声控灯，你咳嗽一声，它就反应一下。若声音一停，它自己就把“光亮”给灭了。上面安排过的事情，也仿佛走廊吹过的风，好像没啥事发生过。一而再，再而三，没有进展，别人都觉得这是最不能容忍的低级错误，而他却愣没知觉。即使办点事情，也是不能持续动作，有点不能连成线，有线不能形成面。有时也偶尔主动一回，但会不断要求上司的指示。此类人长有大象的屁股，你没有大力气，是推不动的。

第二种是下班就开溜，不愿多待一分钟，缺乏奉献精神的办公室老大哥老大姐。这些人整日坐不住板凳，工作量上抽条删量；一会儿想上街溜达一圈儿买块雪糕，一会儿想给同城的网友打个闲情逸致的电话，一会儿

神思飘逸地想起来今早地铁中零距离接触的美眉帅哥，三天两头地满世界跑，忙啊忙，你若问他忙什么，他会回敬一句“忙个屁”。此类人属于猴子屁股，天生坐不住。

第三种是谁也不敢惹，平时装傻充愣，有点像旧上海的青洪帮，或者是茅坑里的石头，又臭又硬。自认为天下老子第一，干的是蠢事，还自鸣得意地说是一种韬略。你给他一些善意的提醒，但他脸小心窄，一听到就跟你玩蹦床，本来针对的是事，他却认为针对的是人，只要是建议都是别有用心的，这种人最后多半会沦为迫害狂。此类人都长有老虎的屁股，轻易摸不得。

往往也正是这些菜鸟，因为意识设限交际圈子太小，遇到什么问题就觉得捉襟见肘，求告无门，虽急得满头冒汗，也只好自我干凉。公司里部门之间一向泾渭分明，大家都公事公办，免不了会有踢皮球和扯皮的现象。但是，如果做客户服务的，熟悉几个技术部的同事，是不是就能为客户解决更多的问题？

“神仙们”都已纷纷登场了，尽管铁打的公司，流水的员工，你不可能与任何人永远地保持蜜月期，在这个阶段你是无法超越的，那不妨静心修炼，让神仙们成为自己晋升的台阶，而不是挡道的人。

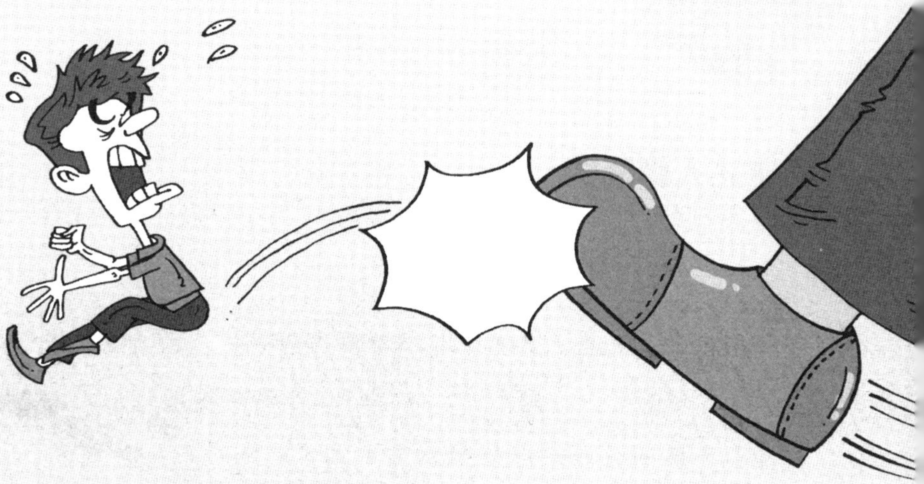

第2章

办公室智慧经：拟态和保护色

建立人缘阵线

对于人来说，只要扎堆，矛盾就会存在。职场就不用说了，那不是一般人扎堆的地方。只不过，矛盾的大小和表现形式都是因人而异的，当你地位卑微的时候，你甚至感觉不到矛盾的存在，一旦你在某个地方冒尖了，在你那个办公室有点儿出人头地了，矛盾也就会不请自来了。这时候，除非你这个人确实是大公无私到自虐的程度，或者公司需要你已经到了你不在一天，公司就没办法运作了（这两种情况估计都不会在一个正常人身上出现），否则那你就要考虑考虑怎么样去建立自己的人缘阵线了。

在办公室里有较强的人缘阵线，用流行的俗语来说，就是“混得开”、“吃得香”、“玩得转”、“有出息”。在这个以人情为重的社会里，有人缘阵线的作用，意义非凡，所谓混得开是因，有出息才是重要的果实。

正所谓30岁前靠专业吃饭，30岁后靠人缘吃饭。如果你只抱定自己来这个公司就是为了赚钱的，总以为人缘是华而不实、搞搞花边的，那么很难想象你的职业生涯能走多远，能走得多漂亮。一个人在一个公司工作，除了要考虑赚了多少钱、积累了多少经验之外，更重要的是你认识了多少人，结识了多少朋友，积累了多少人缘资源。这种人缘资源不仅对你在公司工作时有用，即使你以后离开了这个公司，还会发生作用，成为你创业的重大资产。拥有它之后，你就知道你在创业过程中一旦遇到什么困难，你该打电话给谁。

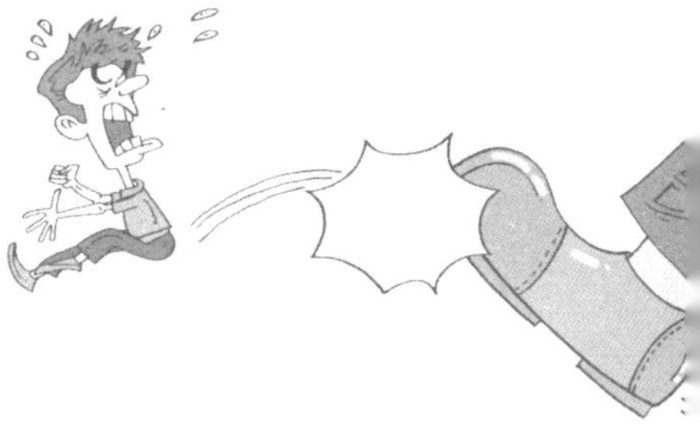

假设你是个业务经理，那么，你的最大收获就不只是工资、提成以及职位的升迁，更重要的是你积累起来的人缘资源，它是你终身受用的无形资产和潜在财富！

不过，人缘也不是你说想有就有的，它还需要你下意识地去培养：

对同事的工作表示真诚的兴趣。主动去了解他工作的甘苦，并报以十分的善意和真诚，一般来说，被人关注和关心总是让人高兴的事。

寻求忠告。多把类似“这事有些困扰我，而我一直认为你在这方面有很好的判断能力，能不能给我一点建议呢”这些话说得更自然一些，说得更溜一些，就能在多方请教之余，巧妙地传达自己欣赏重视对方之意。

要有容人之量。发生矛盾时候一般有两种方法处理，一种方法是“冤家路窄”，小肚鸡肠，耿耿于怀；另一种方法，则是冤家宜解不宜结——“相逢一笑泯恩仇”。毫无疑问，在处理人际关系时，后一种态度是值得称道的。

帮助别人，不求立即回报。有位职场高手说得好：“欠我的人愈多，日后帮我的人也愈多。”人缘是一种互相提拔，让彼此形成合则两利的共荣圈，简单来说，就是“施”与“受”的过程，也就是必须展示自己的实力，让自己有能力“布施”来帮助他人，未来才有机会“接受”回报。在职能的范围内主动帮助同事，是累积人际资产的双赢方法。当然，这里面有一

些技巧也要注意掌握：不轻给（让对方觉得来之不易）、不乱给（要选择对象）、不吝给（既然要给，就宁可大方地给）。

即使不做朋友，也不要变成敌人。在与人打交道的过程中要注意建设性，而非破坏性。即使不能令对方做自己的交心朋友，也千万别变成互为忌恨的死对头，保持基本礼貌是优雅而智慧的表现。不能待人苛刻，使小心眼。别人有了成功，不能眼红，不能嫉妒；别人有了问题，不能幸灾乐祸，落井下石，更不能给人“穿小鞋”。

要想人缘好，还要靠近“好人缘”。“近朱者赤，近墨者黑”，选择朋友，建立人际关系网络时，最好能选择好人缘的人。原因在于，其一，人缘好的人他的朋友肯定不少，如果你与他成为关系密切的朋友，那么他的朋友自然也会成为你的朋友。这对于你迅速建立或扩大人际关系网具有巨大作用。其二，“人缘好”的人朋友众多，群众基础好，他的能量也就越大，有时你会感觉到，找这种人帮忙办一件事，要比找其他人容易得多、迅速得多。

人缘的积累也有一个过程，不妨将人缘当作你的个人资产，每天盘点一下你的投入和收益，看看各有什么样的变化，并不断地调整。只有这样日积月累，你的人缘才能达到较高的境界，让你的职场天地拓宽得更广。

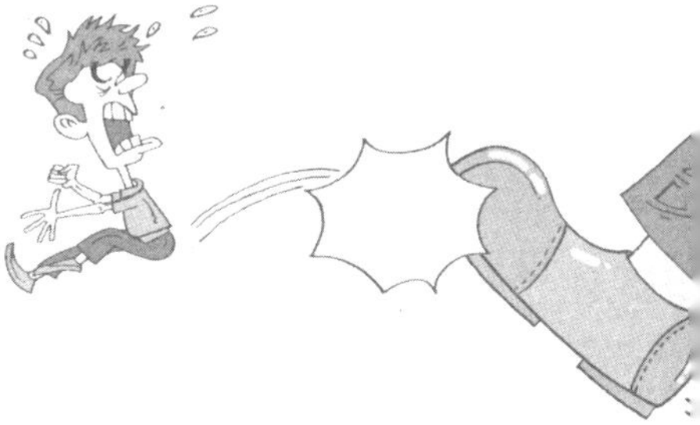

自己的位置在哪

职场就是一个棋盘，每个人都是棋盘上的一个棋子，各有其位。有的人在自己的位置上业务熟练、得心应手；有的人在自己的位置上力不从心、左右为难。有的人应付自如，有的人却苦不堪言；有的人成功了，有的人却失败了。

其原因就在于是否找准了自己的位置。比如说人家会耍嘴皮子，遇事善于迎合，深得上司赏识，而自己则天生一副自恃清高相，再怎么学也是学不会的。也有的人能歌善舞，关键时候还是很能露把脸的，可这也不是谁都可以做到的。

应该承认的一个事实是，在办公室里进行政治行为是常态，没有政治活动才真是奇怪的事情，那些闭上眼睛假装没有办公室政治存在的人，无异于过马路不看红绿灯，或是台风来袭时不注意大雨及泥石流的消息，一样地危险。

每个人都可以根据自己的特点，充分发挥自己的长处，从而在工作中做到游刃有余。

无论你在收发室工作还是担任办公室文员，你成功的关键就是让上司和上层管理部门知道你的精明、忠诚与能干。所以，要认识到你的前程取决于你在上司面前能不能“玩得转”。

在多数人心目中，如果工作好，表现好，上司都会清楚的。但实际情

况却是有时候你做了很多出色的工作，但是上司根本就不清楚。所以，你应该设法表现出自己很称职，设法让别人看到自己的工作，博得一个工作干得不错的好名声。上司往往把这样的人看作是崭露头角的优秀人才和公司里最有潜能的人。

但是，如果你碰到了一个总是将你的功劳占为己有的上司，这同样不是一件愉快的事，你的业绩往往会被你的上司当作威胁。所以你要找准位置。最佳位置不一定是最高的、最好的位置，而是最适合你的位置。每个人首先要看自己最适合什么位置，并把这个作为准绳，然后，以这个准绳为标准，从而找准自己的最佳位置。

哲学家常说，人，最难做的事情就是认识自己。找准自己的位置，实际上也是一次认识自己的过程。所谓才华、学识、胆识，都是你的资本，如果你没有找准自己的位置，这些资本就很难有用武之地，发挥最大成效。

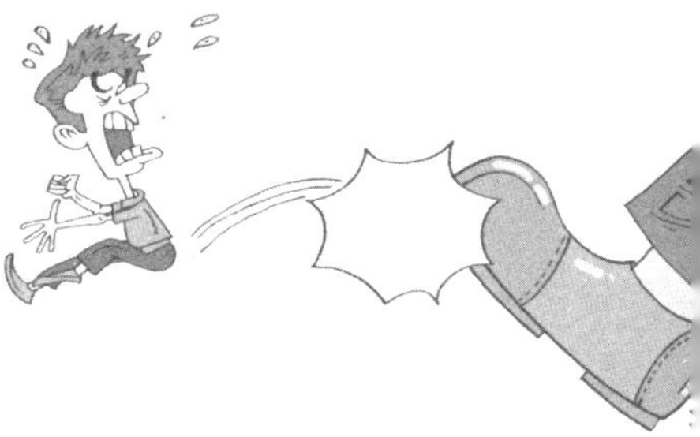

“玩”于股掌间的优缺点

自卑者常常看不到自身的优点和长处，而自负者也很难发现自己的缺点和不足。一般来说，了解自己的优点和缺点，是认识自己的一个重要标准，但是真正能做到的人少而又少。

人的优点和缺点并不是一成不变的，在不同的时空，它们甚至会发生变异。在不同的地方优点不再是优点，而缺点却反而成为优点。不论你愿不愿意，这些优缺点都将跟着你一段时间，甚至跟你一辈子，对你产生影响，并且决定别人对你的态度，成为你在办公室里求生存的助力或阻力。了解了自身的优点和长处，就掌握了正确的第一手材料。

通常人们会认为，优点是一个人获得成功的重要因素，优点多的人相对容易成功。但事实又不尽然，有些人才华横溢，却总是郁郁不得志，而一些资质平平的人却能闯出一片天地。这是因为，优缺点的本质很难加以改变，但往往那些理性而冷静的人可以驾驭自己的优缺点，而不让优缺点驾驭自己，因此最终获得成功。

“驾驭”二字尤为重要。因为优缺点在不同时空会发生变异，所以仅仅能认识到自己的优缺点是不够的，更重要的是，要了解这些优缺点的“值”，同时不可有一厢情愿和逃避现实的想法，然后才能自由地驾驭这些优缺点——要依不同环境，去灵活运用优缺点。总的来说，就是要以你的优点去面对环境，当环境转变，并且直逼你的缺点时，你不必逃避，应先

思考二者之间的机动性关系，因为有时候你的缺点反而在这个时候成为“优点”，如果没有这个可能，就要考虑闪躲了。

以优点支援缺点，是在无法闪躲时的补救措施，避免一直处于挨打的地位；以缺点掩护优点，则是为了模糊自己，避免成为被攻击的目标，并且降低别人对你的戒心，因为你让他们看到了你的缺点。尽管做起来很难，你也需要不断地去尝试。

兵法上讲：“知己知彼，百战不殆。”人生不一定是战斗，但一个人如果连自己都不能了解，他又如何走好人生的路呢？只有看清了自己的模样，才能与别人进行有效的对比，如果自己都没搞清自己，跟别人对比也将是一件毫无意义的事情。

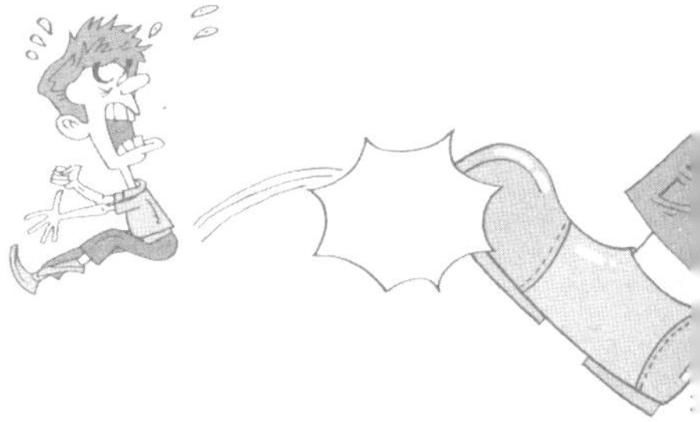

艺术性的妥协

如果事事都要占先，事事都据理力争，你会陷入一个无对手的悲哀境地。这不是要别人承认你的能力，而是别人已经抛弃你了。你聪明，你有本事，那好，你就自己玩吧。妥协乃是生活中的艺术，一种非常务实、通权达变的智慧。一味地争先，等于把自己放在高处当靶子，那很容易成为众矢之的。不求一时获胜快感，甚至策略性地“小事求败，大事求胜”，都会是聪明的动作。

一个刚进职场的美眉，考虑到穿高跟鞋、铅笔裙可以让自己显得更专业、更有女人味，爽快地向牛仔裤、运动鞋握手言别，这就是一种妥协。尽管大部分人没有意识到这是一种妥协，但他们已经完全胜任了这种妥协。

就解决问题来说，“妥协”并不是一种最好的办法，但是在没有更好的方法出现之前，它却是最好的方法。因为它有不少的好处，最起码，它能让双方或多方在某种条件下达成共识，避免时间、精力等“资源”的大量消耗。在“胜利”不可得而“资源”消耗殆尽日渐成为可能时，“妥协”可以立即停止消耗，使自己有喘息、休整的机会。一些人可能认为，对“强者”而言，妥协是一件不可能的事情，因为“强者”“资源”丰富，不怕消耗。这也是一种理论上的说法而已，如果弱者以飞蛾扑火之势咬住强者时，强者纵然得胜，也是损失不少的“惨胜”，所以强者在某些状况下也需要妥协。还有一种要强的职场人，因不愿妥协，日日向人倾诉自己的烦

恼，夜夜做噩梦。

你必须意识到，妥协不是软弱与认输，更不是失败，它是对生活对人生的一种豁达一种开朗的态度。当然，所谓一切要从实际出发，“妥协”也要看是什么样的状况。首先，要看你的大目标何在，妥协的主要目的是不要把资源浪费在无益的争斗上，如果你争的本就是大目标，那么绝不可轻易妥协。

同时，要看“妥协”的条件。妥协是为了避免把对方弄得无路可退，当然这也不是为了道德正义，而是为了避免逼虎伤人，是有利害考虑的；更何况如果你是提出妥协的弱势者，且有不惜玉石俱焚的决心，相信对方会接受你的条件。

做到艺术性的“妥协”，将你的现状转危为安，是战术也是策略。这需要一种宽阔的胸怀，并需要发挥你的大智慧，只有这样，在办公室的政治游戏中，你才能可退可进，自由自在，获得更多的机会。

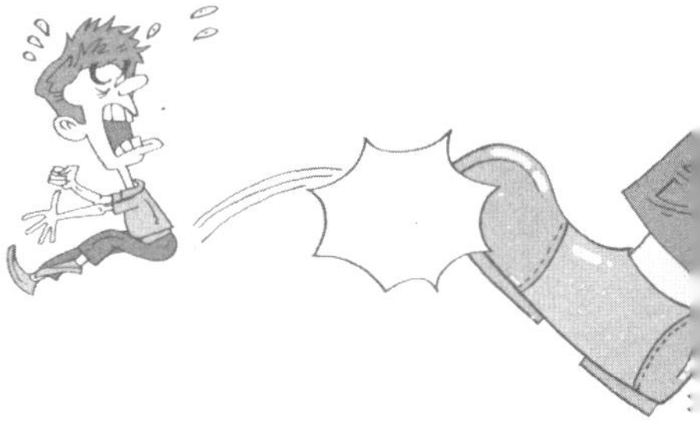

像水一样柔软

“上善若水。水善利万物而不争。”意思是说，有道德的上善之人，有像水一样的柔性。水性柔顺，明能照物，滋养万物而不与万物相争，有功于万物而又甘心屈尊于万物之下。所以，有道德的人，都能做到效法水的柔性，温良谦让，广泛施恩却不奢望报答。水的精神，实际上也是一种处世哲学，即做人要像水一样，有极大的可塑性。水性柔而能变形：在海洋中是海洋之形，在江河中是江河之形，在杯盘中是杯盘之形，在瓶罐中是瓶罐之形。

水是天下之至柔，但当它渗透到土里，却会引起山坡土块的崩落，甚至使建筑物的地基松动，而“渗透”是不知不觉、感受不到压力、却持续在进行的动作，因此它又是“天下之至刚”。在职场中，做到像水一样的“柔性坚持”，就是一种不知不觉地使对方感受不到的但却持续在进行的动作。

职场中的人与人之间，智慧与意志的较量是一种无时无刻不在进行的事情。在这场较量中，智慧是决定成败的重要因素，但意志力较量也扮演着相当重要的角色，意志力强的人，胜利的机会较大；意志力较弱的人，便会被对方逼退，成为接受对方意志的一方。在意志的无形较量下，智慧低的人甚至还可能迫使智慧高的一方弃守战线，这绝非是夸大事实，而是一种丛林法则。

用客客气气、谦卑有礼的低姿态包裹你的意志，这是“柔性坚持”在行为上的表现。在你保持低姿态的平和时，即使对方有不同意见，也找不到打击你的情理，纵不接受你的意志，也不好与你唱反调，因为你已在态度上尊重了他。你的低姿态甚至还会引起对方“不好意思”的心理，于是只好勉强自己接受你的意志，有些意志薄弱的人还可能会很早就向你“臣服”了。当然，弃守阵地也不会太难堪，因为你姿态本来就很低，此中已有回旋的空间。就算对方也是柔性坚持的高手，他应会给你台阶下，不会让人受窘。

进行“柔性坚持”，也得先看看主观条件，也就是你所坚持的是否合理、周密、具有说服力的说明，如果你自己都不能把事情说清楚，那么你的坚持流于胡闹，反而自取其辱了。

此外，还有一个技巧是应该掌握的，就是遇强示弱，遇弱则不强。人的弱与强有很多先天的因素，很难改变，但是人可以改变自己示强或示弱的方式，以便为自己争取有利的位置。

这里有一些具体情形需要区别对待，如果你碰到的是个有实力的强者，而且他的实力明显高过你，那么你不必为了面子或意气而与他争强，因为一旦硬碰硬，固然也有可能摧折对方，但毁了自己的可能性却很高，所以你不妨示弱，好化解对方的戒心。

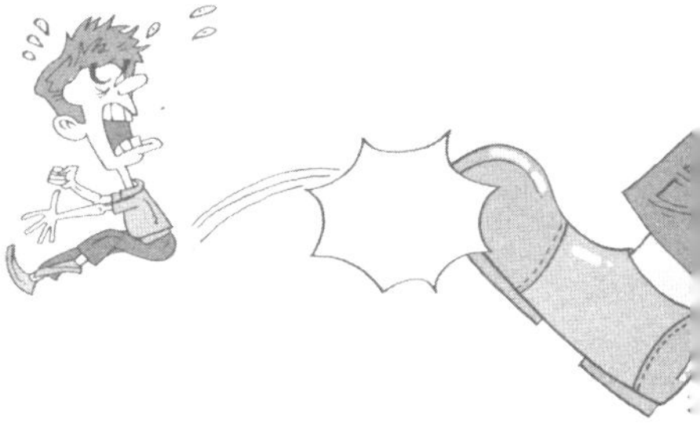

如果你碰到的是实力较你弱的对手，那么就要显露你比他“强”的一面。这并不是为了让他来顺从你，或满足自己的虚荣心或优越感，而是因为弱者普遍有一种心态，即不甘愿一直做弱者，因此他会在周围寻找对手，以此来证明他也是一个“强者”。你若在弱者面前也示弱，会徒增不必要的麻烦与损失。

强与弱都是相对的，办公室里没有绝对的强者，也没有绝对的弱者，没有永远的强者，也没有永远的弱者。你得像水一样，在弱者与强者之间游走，让两者相安无事，和平共处。

涂抹一层保护色

在一些人看来，所谓办公室政治都是发生在高层之间的，咱打工一族，小兵一个，月月拿工资就是了，没什么政治不政治的。这是一种似是而非的说法。办公室不同层次的人，都有不同的政治存在，管理阶层有管理阶层的政治学，基层员工也有基层员工的政治考题。你应该认识到，你入了这个道，你就得按这个道的规则做事，千万不能事不关己高高挂起，否则哪天出局了都不知道是怎么回事。

你必须对“拟态”和“保护色”进行了解。在动物世界里，“拟态”和“保护色”是很重要的生存法宝。“拟态”是动物或昆虫的形状和周围的环境很相似，让人分辨不出来，例如有一种枯叶蝶，当它停在树枝上时，褐色的身体就像一片枯叶那般；“保护色”是身体的颜色和周围环境的颜色接近，当它在这个环境里时，它的天敌便不易找出它来。蚱蜢好吃农作物，它的身体是绿色的，这颜色便是它的保护色。

“拟态”和“保护色”的存在，让大自然的很多生物代代繁衍，维持起码的生存空间。而一般来说，会拟态又有保护色的，生存条件会比那些只有保护色的更好。

在办公室里，恰当运用这两种色彩，对你的办公室生存条件会起到很大的影响。例如：初到一个新单位，应尽量入乡随俗，认同这个单位的文化，随着这个单位的脉搏呼吸。也就是说，遵守这个单位的“规矩”和价

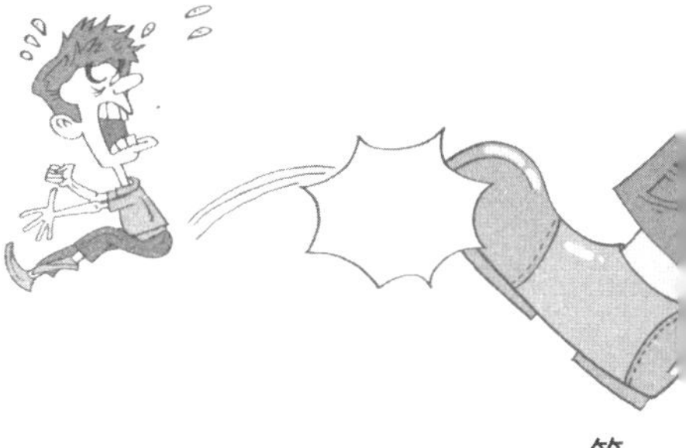

值观念，达到“拟态”的效果。再就是寻找“保护色”，当你的颜色和周围环境取得协调后，你已成为这个环境中的一分子。到了这个地步，起码的生存环境就已经营造完成，不致发生问题了。

在小小的办公室里，人性的战争天天上演，有时候你是强者，但在某些状况之下，你却又是个“弱者”。当你是“弱者”时，苦斗无益，徒费心神而已，因此与其苦斗，不如智斗，以保持你那微小的仅有的“存在”，并以“诈死”、“装败”来寻求生机。

有一种瓢虫，当你用手碰它时，它就停止不动，连脚都缩了起来，任

凭你怎么拨弄它，它就一副死样子，可是过了一段时间后，它又开始活动了——这就是“诈死”；有一种鸟，在它孵卵的时期若有外敌入侵，它会先佯装与外敌搏斗，翅膀扑了几回后，便假装受伤，跌跌撞撞地“败走”，外敌受到这个动作的吸引，会尾随追逐这只败鸟，等外敌远离鸟巢，“败鸟”立刻高速逃走，于是巢中的卵获得保全——这就是“装败”。

不过，这种方法的运用也是有不足的。如果实力较强的一方“诈死”或“装败”，则会降低对方的戒心，甚至让对方以为有机可乘而作出飞蛾扑火的动作，不过一般来说，实力较强的一方往往会为了面子而“不屑”采用这种策略。

有一些人会认为，清者自清，浊者自浊，只要自己堂堂正正做人，认认真真做事就行了，那些是是非非与己无关。但在一个有人的地方，而且是一个有利益纠葛的地方，这种想法未免太过“单纯”，太缺乏“政治智慧”了。

第3章

官大一级：上司就是上司

上司都有些啥背景

简单一点说，办公室政治的最终目的，就是为了获得及保障自己的最高利益。当你身处一个新的工作环境时，了解这个工作体系里真正掌握权力的是哪些人，应该是你首要的工作。以下这些人应该都在了解的范围：拥有管理头衔的各级上司；一些职称不算响亮，却掌握特殊权力及资讯的“隐形掌权人士”，例如老板的配偶、总经理的特别助理、上司的秘书等。

上司各有不同：有的温文尔雅；有的脾气暴躁；有的朝令夕改；有的一以贯之。适应上司，是你应该做的事情，但是也不要被动地适应，而是主动、全面地了解你的上司，采取对症下药的应对策略。只有这样，你才能在一些行动的执行上最大限度地与上司保持“合拍”，而不是误解重重。

了解上司的一个最简单也是最基础的方法，就是去了解他的个人资讯。你可以给上司建立一个资料库。在这个资料库里记录下他的生日、爱好、家庭状况、生活方式等，你要发扬专业精神，善于发现、了解，绝不放过上司的任何一条资讯，多观察，多请教。总之，要通过种种途径，更深入地了解每个掌权者包括学历、家世背景、工作经验、在公司的升迁过程及重要贡献等等个人资料。

在掌握了这些资料后，你才能真正掌握你所在公司所珍视的个人特质及人才升迁的依据，作为你日后努力的参考，更能为自己提供未来和这些对象良好互动的基础。

接下来，你就要解读那些办公室的特殊势力了。也就是了解所谓的派系，比如：总经理与销售总监是大学同学，你的上司与客户总监有“瑜亮之争”，副总是董事长夫人的表弟。总之，在你去试图了解这些的过程中，你不要轻易对其中的任何人、任何事发表意见，否则，你还未出师就“身先死”了。

上司形态分列式

上司总得有上司的一些名堂，似乎才名正言顺。这里所说的名堂当然是指上司的个性特征和管理手段，专业说法叫“领导风格”。身为下属，你也会有自己的个人风格，而且还自我感觉良好。但因为你是下属，你就得先给自己打个预防针，上司的风格不可能因你而改变，所以最要紧的事情就是你要不断地修正自己的风格来适应上司。

如果你一开始就懂得你的上司的个性情况，你们就能够合作得更加愉快。上司的个性与习惯是什么样的？这也是一个需尽早解决的问题，也决定着你和上司之间的关系。下面有几招，教你察言观色去透视上司的个性与类型。

才干领导型

这种上司一般都具有超强的工作能力与个人威信，他是从底层一点点起步爬上来的，所以不但对业务相当熟悉，还深知地位得来不易，对工作万分敬业，什么事都要身体力行。这种上司往往是对自己严格的同时，对员工也要求颇高，一旦工作出错，绝不轻饶。但他们处理问题通常对事不对人，心胸宽大或者抱着学习态度的下属自会善意地理解；但因缺乏沟通而显得刻板、严厉，一旦遇到猜疑嫉妒的下属，可能会伺机报复。这类中层领导因为不善打理人际关系，在小人的谗言下或许会动摇高层对他的信心。

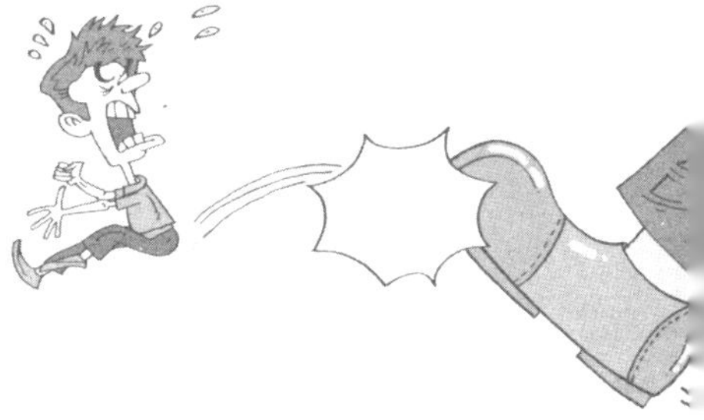

规律型

他是喜欢在上午处理问题，还是在下午？如果他是喜欢在下午处理问题，你会发现你的上司在下午两点钟时更容易听进意见，更可能帮助你解决问题，千万别在他喝第二杯咖啡前就去打扰。

冷静谨慎型

这种上司欣赏一丝不苟的工作作风，喜欢一份记载详细的工作报告，所以你提交给他的工作计划也是越详尽越好。并且在办公室注意自己的言谈举止，穿得体的职业装也是他欣赏的。不过，谨慎的人有很强的自我保护意识，你不要试图与他有更亲近的举动。

实效型

这种上司说话中肯而不怀敌意，但也不友好。他们认为事业中最根本的问题是工作效益。他的工作作风基本上是电报体裁式的，语气急切而随便。对一个讲究实效的上司而言，其整个处事方式都是追求实际效果的。他们可能会表现得更为客观，但对他的下属仍然留有一星半点的同情心。

结构型

这种上司做事一般会更追求实事求是，有条不紊。在他们的头脑里充满了传统所谓的“业务概念”。他熟悉档案资料中从头到尾每一行的内容，

对每一个下属的工资、工作、评价、愿望和忧虑都了如指掌；他了解公司的远景规划和近期计划；他可能是办事细致的或豪爽的人，可能是有反省精神的或持客观态度的人；他可能对公司的历史持向前看或向后看的态度，他可能对下属和上司都能应付自如。

沟通型

这种上司是天生理乱麻的高手。他有很强的业务能力，分配起工作来知道轻重缓急；他公私分明，能与员工打成一片。在各种不同类型的上司中，应该说他是最聪明的。他能在不必事事亲历亲为之中合理地分配工作任务，让工作有条不紊地进行。一旦出现问题，他不是无止境地翻鼓嘴皮子斥责谁，而是以哲学家的头脑来思考解决的途径。此外，他还乐于听取下属的建议与意见，或明或暗地为员工争取应得的权益，并在空暇时间与下属同玩同乐。由于工作气氛融洽，这个工作团队的效率总会让人有耳目一新的感觉，从而赢得高层的认可。

概念型

这种上司是理想家、梦幻者，他不注意统计性分类和推断。计划和设计会使他觉得厌倦。他感兴趣的是发展前景和新的思想，他高傲、冷淡而且不受个人情感影响。不过，他是豪爽的，比较相信直觉的反应，他对有

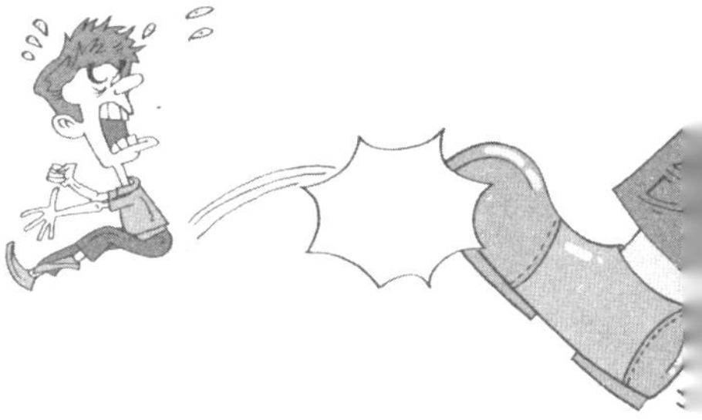

力的论据和数字不屑一顾，乃至不顾其他一切。他一旦认准的某种工作方式，用九头牛也甭想把他拉回头。

显微镜型

这种上司是比较难缠的，虽不絮絮叨叨，但一般来说，他会比较神经兮兮地对待工作，充分发挥他“鸡蛋里面挑骨头”的潜能，把你的工作挑得一无是处。不过你也不用担心太多，这不过是个人习惯，只要冷静对待，把他说得有道理的地方自己加以改正，无理的要求就尽量拖延时间，久而久之，他自然也不会再和你计较那些细枝末节了。

符号型

这种上司就是通常所说的那类以溜须拍马、要两面派为特长的一类。因为资格老，可以把他们称为“类人猿”。他们不少是“皇亲国戚”或者公司的“开国元老”，实际的工作做得不多，却天天习惯对员工指手画脚。一有功劳立刻揽上身，一出错则一推六二五，鞋底抹油的功夫超绝。这类人还有一个特点，就是夹在高层与底层员工之间要两面派，面对员工也时不时嘘寒问暖，看似关怀备至，可一转脸就不停地在高层面前打小报告，说白一点，他们就是办公室的“小人”，你不得不防。

棋盘型

这种上司既愿把握大局又事无巨细，如果你向一个只愿把握全盘的人汇报一大通细枝末节，那么你俩很快就都会烦的。你也许会认为你对某项工作是如此的殚精竭虑，而你的上司却漠不关心，其实这样想就错了。一位只愿把握全盘的上司会认为你该把所有基础工作都做好，否则就不会信任你。

豪爽外向型

这种上司对形式上的表面的一套并不讲究，更看重的是你的实际工作能力，他会欣赏办事细致的下属，也不反感不拘小节的人。注意不要背着他搞小动作，或是当众顶撞他，激怒了他就不好办了，他同样会以豪爽的方式向你一阵“狂轰滥炸”。

侠客型

这种上司估计过去没少看金庸、古龙的武侠书，有点侠客的气度，相对而言比较有亲和力。办事细致、工作能力强的人是为他所欣赏的，同时他对一些微小的细节并不看重，表面形式的东西也不会博得他的好感，所以只要不在背后搞小动作或者当众顶撞他，他基本上不会给你“小鞋”穿。

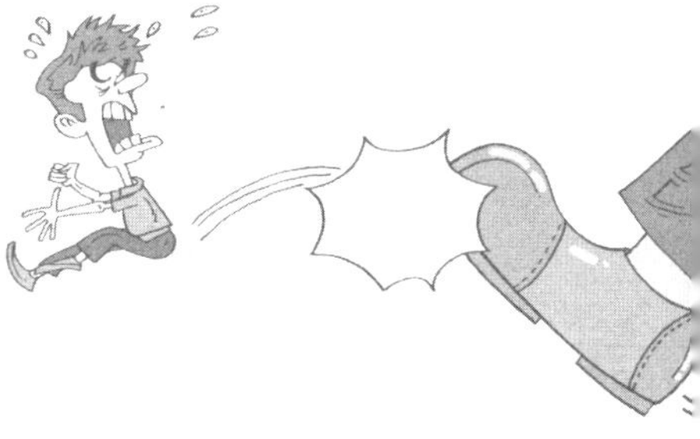

善人型

这种上司更专注的是人而不是产品。他就是那种通常意义上的“人道主义者”，讲话热情、友好、滔滔不绝，富于人情味。他的工作作风也很有个性，感情充沛热情。通常，“人道主义者”能致力于给下属以忠告，帮助他们渡过个人的或者业务上的难关。但这种上司却十分关注下属对他的评价，你若时常对他的指导和帮助表示谢意，那一定是他最开怀的时刻。

绿茶型

茶是君子，在水中可以无限舒展，用它比喻这种类型的上司是蛮贴切的。如果不是太了解他，你会将这种上司当作是混世的老油条，因为他的老于世故，你总会感觉他“一半是海水，一半是火焰”。可是一旦面临大事，他的经验和智慧会叫你跌破眼镜。

可乐型

这种上司多半有点老顽童周伯通的影子。他聪明、实干、勇于创造，跟他在一起你会觉得自己也像可乐一样充满激情，咕嘟咕嘟地冒泡泡，既彰显价值又挺好玩的。

咖啡型

如果遇到这样的上司，可以说是你的福气。这样的上司是一杯咖啡，

有自己特殊的味道和内涵，初喝会觉得苦，喝得久了却能回味出甜，而且人困马乏的时候最能提神醒脑，并使你的工作及精神层面都有丰厚的收益。

冷柜型

这种上司喜欢详细地记录报告，需要内容详尽、目标明确、条理清晰的工作计划，一丝不苟的工作态度和大方得体、干净整洁的外表。你要是想跟他处好关系，一定要时刻注意自己的仪容和亲切的微笑，加大自己的“热能”，这样做一定会博得他对你的好感。

墙头草型

这种上司没什么主见，他既可以在上午接受你的意见，但在下午他又会在别人的建议下放弃了你的意见。你要做的是，除了要坚持自己的观点以外，还要时刻给他提出你的意见，让他和你在同一战线上。

选择一个什么样的上司，那基本不属于你的能力范围之内，尽管你会暗地里对上司指指戳戳、评评点点，不过这些事情过后，该干的工作还得干，该过的生活也还得过，谁叫他是你的上司呢。

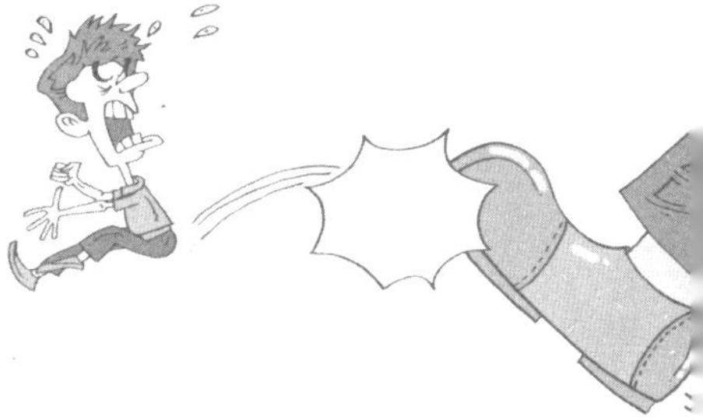

上司的管理风格

新人在一个新职位中的第一步工作不仅要熟悉上司本人，也要熟悉他的管理风格。每种管理风格都有自己的一系列特点，当你研究上司管理风格的时候，要明白上司可以具有不止一种管理风格，或者是在不同的环境中表现出不同的管理风格。下面列出几种基本管理风格，可以作为你的参考。

团队式管理风格

上司会就工作任务对下属予以大致说明，在与下属一同开展工作时会注意倾听下属的意见与感受，激励下属积极地参与。

其管理行为模式是：“我们探讨，我们决定。”他使用的管理方法是参与、鼓励、合作和承诺。

自由放任式管理风格

对下属采取放手政策，他只在下属需要的时候才提供信息、观点、指导和其他需要的东西。

其管理行为模式是：上司设定目标，然后让个人或工作团队决定如何实现目标，依赖不同的工作或下属的水平，个人或工作团队可能会决定政策、任务、过程、工作团队成员的角色，甚至还有评估。

监管式管理风格

同独裁式相比，这是仁慈的。其管理行为模式是：我会照顾到你，但你只能做我告诉你应该做的事。

专制式管理风格

专制式上司是一种控制型的人，他独自制定政策和规程、界定和指派任务，而且通常要监督工作完成情况。自己是领导，下属就是追随者，你被告知做什么、什么时候做以及如何做，你的目标已经确定好了，他也不会征求你的观点和想法。

其管理行为模式是：不会完全将一次活动、一项决策和一个责任授予下级，往往会保留所有的权力。

权威式管理风格

上司表现出对工作非常关心，但忽略对人的关心。他们往往强调工作环境对工作效率的影响，而不大重视人的因素对工作效率的影响。他们有极强的控制欲，希望可以有效地控制部属。他遭遇失败，会以暴怒发泄；发生冲突，他会以压制的态度来对待。这种人容易固执己见。他们的口头禅是“决不容许”、“必须执行”、“应该这样”。不过在工作中他们不会浪费自己的时间也不浪费部下的时间。

其管理行为模式是：主动选定工作方向，命令下属去服从；反之，如果有人不服从便会被他认为是工作中的障碍。

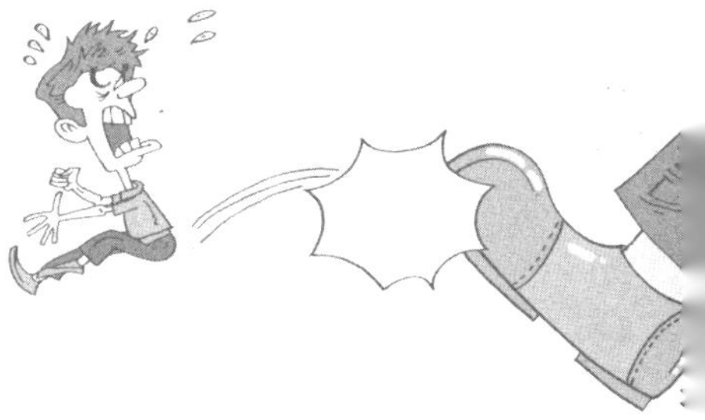

民主式管理风格

上司会鼓励你参与管理的过程，也会征求你的观点、思想和解决方法，他注意充分吸收下属的意见，对下属实施中等程度的控制。他对下属很自信，下属对他也充满自信。

其管理行为模式是：提出一些特定的政策、过程、任务以及下属的角色；但是这种类型的领导允许团队进行决策，鼓励你提出自己的思想和观点，积极参与决策过程，以及表达自己的态度。

参与式管理风格

上司注重以人为本，支持个人创新，以建立和谐的工作环境为手段，最大限度地发挥个人作用，释放个人潜能，创造个人价值，从而实现组织的预期目标。

其管理行为模式是：上司和大家一起工作，需要下属的参与，下属具有讨论权与否决权。以正面的、自然的激励（即报酬）和下属自发的愿望，促使下属自己提高工作效率。

指令式管理风格

他通常会指定下属或团队的具体工作，比如做什么事、如何做、何时做、在何处做、做到什么程度，事无巨细，无微不至（称为高职责行为）。

其管理行为模式是：“我来决定，你来做。”其使用的管理方法是告知、指示、指导和建立。

中庸式管理风格

上司往往采取“应答式”策略，力图与大家保持一致，办事有度，处理适中，不标新立异。他的工作往往不是开拓式的，而是修修补补式的。他的实质是突出“权宜”二字。在性格表现上，他们往往圆滑灵巧，讨人喜欢，最起码不会轻易招人反感。所以，这种人称为“竞技场油子”。他们很重视下属对自己的评价，力求在群体中稍有优势。

其管理行为模式是：管理风格是组织化的，很少形成鲜明的个人特色。上司对工作的关心和对人的关心兼顾，尤其重视群体归属和组织人格。

教练式管理风格

上司与下属之间采取双向或多向的沟通、倾听、鼓励、辅导、澄清和激励（称为高支持行为）。

其管理行为模式是：“我们探讨，我来决定。”其使用的管理手法是推销、解释、澄清和说服。

俱乐部式管理风格

他对人非常关心，十分重视自己与下属、上司和同僚的关系，但忽视工作的状况。这类上司往往认为下属的态度和情感是自己进行管理工作的支撑，如果得到下属发自内心的支持，他就是安全的。如果说，有些权威型上司靠“骂”，那么，有些俱乐部上司则靠“骗”。他们对面带难色的下

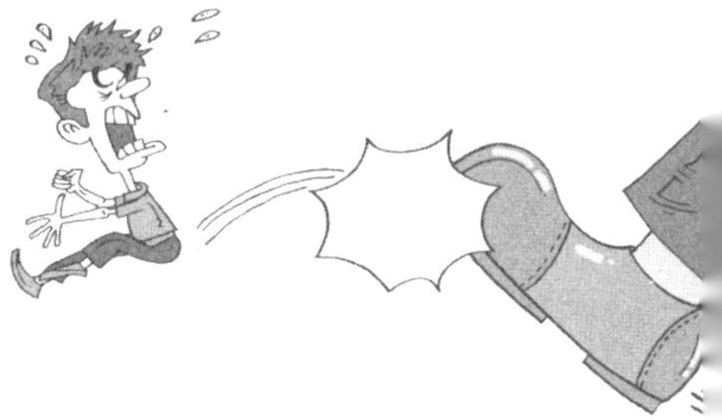

属往往不是用纪律威胁，而是许诺给他一个自己也把握不大的未来好处。所以，他们不轻易说“不”，但却常常“遗忘”。

其管理行为模式是：他会主动去关心下级的需求，避免将自己的意志强加于人，致力于搞好上下级关系，创造一个友好的融洽的气氛。

贫乏式管理风格

凡是那种把“没有功劳也有苦劳，没有苦劳也有疲劳”挂在嘴边的上司，恰恰是贫乏型上司的写照。这种方式的上司对组织有高度的依恋，缺乏热情和上进心。他们是理性的而不是糊涂的，其行为总是试图以最小的付出来保住自己的职位。他们往往具有“熬”出来的资历优势。

其管理行为模式是：既不关心生产，也不关心人员，用漠不关心的态度、最小的努力去完成必要的工作并维持人际关系。他们所求不多，但付出更少。他们只是按符合规定的标准去做事，且认为多一事不如少一事。

上司的每种风格都有自己的长处和缺点，在某些时候上司并不是仅仅采用一种风格，但是，总是有一种管理风格居主导地位。所以，你要具备高度的敏感性，摸清楚上司的领导风格，去适应它，掌握它，与你的上司形成良性互动。

新上司的乐谱

在办公室里，上司的角色几乎像个上帝，他将决定你的去留升迁。在职业生涯中，假如幸运，你遇到了一个与自己关系很铁的上司，你的表现他也很赏识，加薪、拿红利的事常有你的份。但突然有一天，这位上司另谋高就，冷不丁地来了一位陌生的新上司。

“铁打的营盘流水的兵”，对于一个公司来说，上司的更替也是很正常的事情。每一个新上司上任，都意味着办公室将谱写新的乐章。你需要了解的是，这曲新乐章是激烈如击鼓，还是婉约如溪水。作为职场一兵，你尽可以对职场人事地震见怪不怪，但对你的新上司，你却不得不打起精神，认真对待，不断察言观色、适应磨合，俗话说先摸清来者的路子，早早练就了一身应对新上司的铜皮铁骨。

极少数能在公司“幸存”下来的人很快就意识到，新上司的上任，对基层的职员来说，必须证明自己能够并且愿意干上司吩咐的事，而且按他的想法干，完全地听命于他。

很少有上司一来就打算撤换“前朝旧臣”的，只是有一些管理班子的惰性和自以为是造成了大刀阔斧“一锅端”的景象。你要是还想留任的话就必须当机立断。

如何让新上司对你引起重视呢？讨好巴结？小恩小惠？曲节弯腰？NO!这些看起来虽是捷径，但绝非长久之计，搞不好还会使你得到与愿望相反

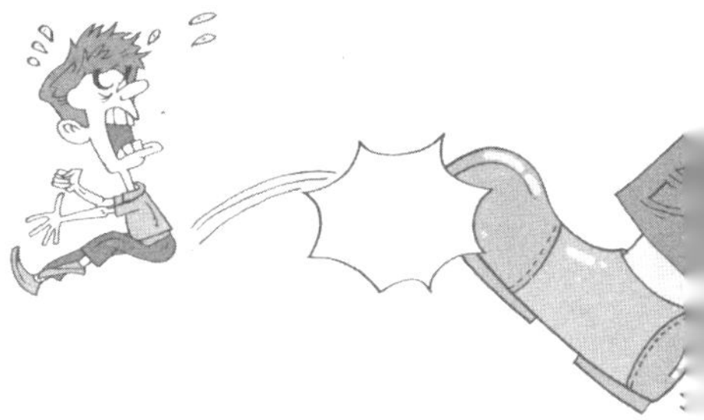

的结果，甚至你的工作也就此“寿终正寝”。

首先，先诊断自己，再诊断上司，坚持“唯实”的原则，以一颗平常而真诚的心打动新上司，不失为一种良策。比如，如果能掌握有关情况，在与上司打交道时，由被动到主动，效果就会大不相同。虽然很担心自己的职位，却很少有人想到要了解新上司的背景，尽管这样做并不费工夫。

所以，你必须行动起来。聚会和交际午餐也能被你派上用场，在你经常往来的圈子里肯定有人了解这位上司。他以往的处事方式，他的工作计划，你都可以得到一些有价值的线索。

向他汇报情况和解释工作时，一定要实事求是。比如，尽管市场营销毫无起色，你也要如实汇报，掩盖事实只会使你更快丢掉饭碗。对于一个新的行政总监而言，他需要了解的是真实的情况，信息的匮乏和失真是他最头疼的事情。

在过渡阶段，你不妨从他的角度来分析他最需要的东西。虽然接管从他“进驻”时分就开始了，但人们普遍会静观事态发展，不急于为新上司填补空白。这就形成了权力和信息的真空，新上司会利用任何能够抓得到的信息来源来填补空缺。如果他是个外来人，就有可能被闲言碎语所左右，或者听信一些不公正、甚至不讲真话的前任员工的谗言。

所以，你应该在局势定型之前，就把自己的工作议程呈递上去，而不

是等到新上司的想法已经形成以后。应该用书面形式简述工作成绩，还要写上你将采取什么新举措。肯定不是一切都尽善尽美的，但最起码给上司留下第一个较为深刻的印象，在印象上先拔头筹。

不管上司的节奏如何，作为下属，你要做到的是跟上他的节奏。在他初来乍到的时候，你出色的表现很容易脱颖而出，形成良好的第一印象后，很容易越过职场的“龙门”，获得赏识，对你将来工作的开展自然就水到渠成了。

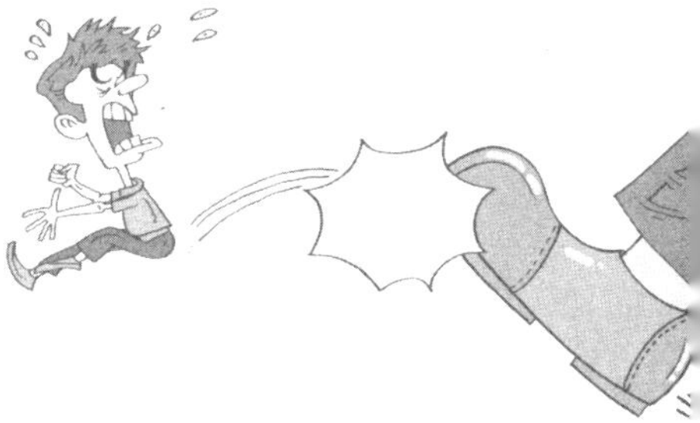

上司的身体语言

体态语言反映人的内心世界，这是得到心理学家承认的。从上司口中说出的话并不一定是他希望传送的全部信息，多观察他的身体语言，对你掌握他心中所想会有帮助。上司的举止都是自己思想情感的一些外在流露，初入职场与上司打交道的你，切不可轻看了上司的“举止”。了解上司的想法，跟上他的节奏，可以从吃透上司的眼神与举止开始，从他的行为举止中发现问题的实质，说白一点就是要学会察言观色。

下面就是从上司那里捕捉到的25个典型的特写镜头，再细细分解。

动作1：上司把你请入他的办公室，然后关上房门。

解读：他跟你说的话是要保密的，你的表情应当庄重些。

动作2：双手合拢，从上往下压。

解读：遇见了相对重要或者较棘手的事，他想使其内心先平静下来。

动作3：双手叉腰，双肘向外。

解读：这是古典体态语，象征着命令式，同时也意味着他在与人接触中，他是支配者。

动作4：舒适地向后靠，双手交叉在脑后，双肘向外。

解读：这是自负的表现。

动作5：伸出食指。

解读：他是支配者，有进攻性。

动作6：双手背后。

解读：当上司的双手平静地放在背后时，则表明他具有优越性。

动作7：当你向上司汇报时，他听了一阵后，看了一下手表或翻动桌子上的文件。

解读：这说明你汇报的事情是否太繁琐或时间过长，他对你的汇报不感兴趣。此时你需起身告辞，另择时间汇报。

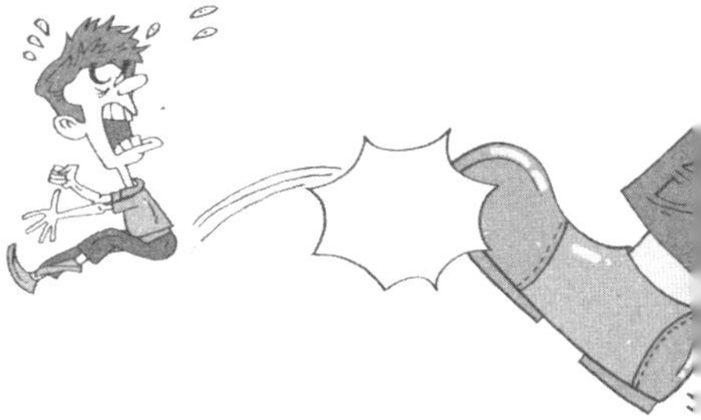

动作 8：上司审阅你准备的文件时眼神专注，字句必读。

解读：说明你点到要害。如果他只是看了一两句，就用很快的速度浏览完毕，你就应该知道，有些内容还需要商榷，不能一概而论。

动作 9：你仍在说话，但上司已经背身向你了。

解读：上司需要冷静独自思考你提出的建议。这时你应语气放缓或暂时停止说话。

动作 10：当你问上司是否有时间时，他口说有时间，但眼睛却一直没离开手中的文件和材料。

解读：如果你讲的是简单的事情要即时快说，是复杂的事情应另约时间。并且语言表述要力求简练。

动作 11：上司说话时不看着你。

解读：他想用不重视来惩罚你，说明他不想评价你，这是个坏迹象。

动作 12：上司从上到下看了你一眼。

解读：表明其优势和支配，还意味着自负。

动作 13：上司久久不眨眼盯着你看。

解读：他想知道更多情况。

动作 14：上司友好地、坦率地看着你，甚至偶尔眨眨眼睛。

解读：他同情你，对你评价比较高或他想鼓励你，甚至准备请求你原

谅他的过错。

动作 15：上司用锐利的眼光目不转睛地盯着你。

解读：表明他在显示自己的权力和优势。

动作 16：上司只是偶尔看你，并且当他的目光与你相遇后即马上躲避。

解读：这种情形连续发生几次，表明面对你时这位上司缺乏自信心。

动作 17：上司向室内凝视着，不时微微点头。

解读：这是一个非常糟糕的信号，它表示上司要你完全服从他，不管你说什么，此时的他会一概不理。

动作 18：上司久久地盯住你看。

解读：他是在等待更多的信息，可能对你所表达的事情了解不够完整。你应把你的想法述说得更完善一些。

动作 19：他一边跟你说话，却还是快步向前走。

解读：上司相信你能将这件事做好，现在最好不要向他发问了。

动作 20：当上司拍拍你的肩后部。

解读：他真诚地赞许你。

动作 21：如果上司拍拍你的肩前部时，或从上往下拍。

解读：表明上司倨傲而又显示宽容，这些动作表明他是支配者。

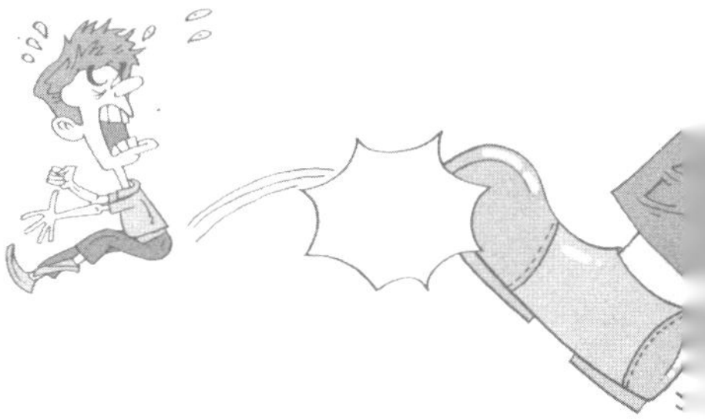

动作22：两个食指并在一起，放在嘴边，其余手指交叉在一起，与两个食指形成了一个锥体。

解读：这表明在你讲话前，上司已做好了拒绝的准备；握紧拳头意味着不仅想威胁对方，还要为自己辩护。

动作23：上司把手捏成拳头。

解读：这不仅仅是要吓唬别人，也表示要维护自己的观点。倘用拳头敲桌子，那你最好立刻闭嘴。

动作24：“嘻嘻”的嗤笑。

解读：他在幸灾乐祸。

动作25：“嘿嘿”笑时。

解读：意味着讥讽、阴险或者蔑视，这样笑的上司多数为狂妄自大、自视清高的人。

对于上司而言，他轻松的体态能减轻职场菜鸟的紧张感，从而更好地领会上司的意思，提高工作效率。当然，这是最理想的状态。身为菜鸟的你，必须打起十二分精神，去解读上司的任何一个细节，读出它的含义。

上司的闪光点

大概没有一个人不会在背后议论他的老板和他的上司的，而议论的对象通常是他们的缺点。这种议论让你有透透气的感觉。但是反过来，如果你能换位思考一下，为什么他能做你的老板或是上司，肯定在某些方面有超过你的地方，这也就是他的闪光点。

对于职场新手而言，如果总是把眼光盯在上司不足的地方，只能让自己更为郁闷。上司作为一个普通的人，肯定有他不足的地方，甚至是不如你的地方，但是，那只是在某一方面而已。如果你能留心上司的闪光点，并经常把他对公司的决策思路与你自己的思路相比较，你会从中找出你自己的差距。

阿风刚刚工作那会儿，为了表现自己能胜任财务工作，他在各种场合都会找机会表现自己。而他的顶头上司在某些方面的确不如他，为此，同事们在私下谈论的时候就会对上司说三道四。世上没有不透风的墙，上司知道后当然也不示弱，在一次例会上，上司直截了当地说："搞财务工作的人要求冷静、细致，但有的同志在工作上却很浮躁，这样对我们的工作极为不利，小心摔跟头。"这威胁的潜台词令人不寒而栗，同事们虽然口里不说什么，但心里说什么也不服气。

像阿风这样的职场新手，在没有全面认识上司的情况下，妄自对上司说三道四，显出不服管教的态度，这让上司的威信受到了打击。所以，如

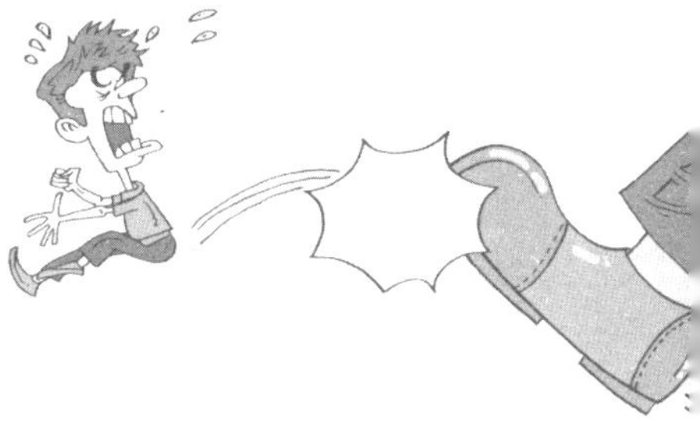

果你太介意上司的不足，其实就是不重视上司，反过来上司自然也不会重视你，甚至会报复你。

好上司一般都具有以下的优点：

1. 懂得人心奥妙

上司也是从下面一步步升上去的，有时他本身就是一个杂技高手，体验过职场的各种高难动作，尝遍酸甜苦辣，知道人情世故，非常懂得人心的奥妙。

2. 坚强的信念

上司有时更像一个登山者，信念就是他的高度——相信没有一条路有脚长，没有一座山比人高；对工作的见解有自己的看法，无论遭遇到什么挫折，以耐心、不服输的态度去克服它，成为发展公司的原动力。

3. 对下属有信任感

上司能多观察、了解下属，根据每个人的性格、潜质分派任务，并从中组织协调，给予下属施展才华、锻炼能力的机会。如果下属自恃功高，难以约束，优秀的上司能一方面让下属培养一些新手，一方面和下属的大客户接触，做好两手准备。

4. 沟通能力强

除了在工作例会上让下属了解公司近期状况、远景规划、目前部门的

工作进度、每个人的业绩、表现等等之外，还能鼓励下属在公开或私下的场合主动与上司交流，如创造机会和下属沟通，借下属生日或节日请大家聚餐。在宽松的环境下联络感情，对下属多赞美和激励，而非责骂和批评。

5. 发掘下属的长处

上司并不苛求下属改变成他的模式，也认为下属做得很好，凡事仅给下属指示，对下属来说很有帮助。同时，上司能经常对下属说其具有某某长处，若能更进一步发展将会更好。因为上司有教导下属进步之道，这样下属工作起来也就觉得很有意义，也能使部属发挥长处。

6. 一碗水能端平

一方面嘴唠叨个不停，一方面逼你拿出工作成绩；或者对某人整日无所事事都视而不见，却将某事集中于另一人；或者将困难、复杂的工作分派给生手，却让熟手做些简单的工作。这些处事不公平的实例不会在好上司身上出现。好上司不会让他眼中的优秀员工少加薪，奖金也不会少得可怜，而应该对那些不好的人减薪和扣分红等。

7. 情绪自控家

修身养性、保持平稳的情绪和良好的心态是上司们的优点之一。“情绪化”是做上司的大敌，使上司的工作效率和判断能力大打折扣。更糟糕的是，上司的情绪不稳会使他的下属不知所措，对他退避三舍。

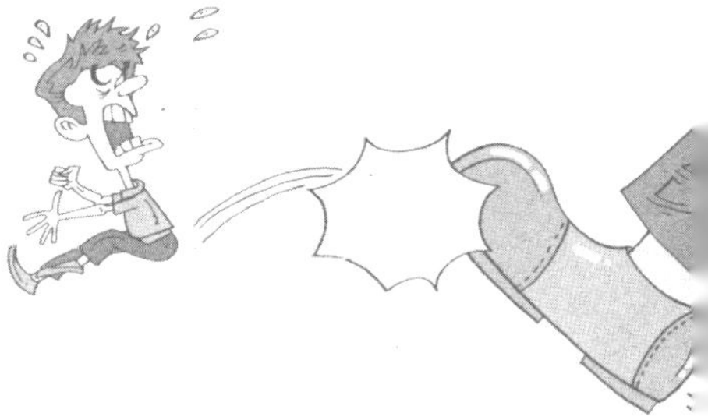

8. 用谅解取代责骂

他不会动不动脏话连篇，甚至无视下属的人格尊严。就算下属出错，他也会用谅解的语气解释错误的根源，对事不对人地讨论解决问题的方法，会让犯错的员工产生更强的愧疚感，不仅在日后的工作中时刻监督自己，还会因领导的宽容大度而变得忠诚可靠。

9. 自行决定行事

在实施计划之前，上司一般都能搞清自己的职权，什么事可以自行决定，什么事必须向老板请示，所以事情会做得令老板满意，下属也高兴。但在贯彻上有弹性，有判断力，能够通盘地考虑再下判断，利用当时的状况采取行动，而没有躲避艰困之举。如果上司的信念飘忽不定，部下也会随之动摇，而无法安心工作。

上司与你何处不一样

“基层跟不上中层的思路，中层跟不上高层的思路”，在办公室里，每一位员工要做的就是尽力展现自己，显示自己的不可替代性，但对于一位上司而言，要做的却是维持一种平衡。人是最复杂的动物。做上司的就是要让最复杂的动物在组织当中简单起来。谁能让所有的人简单地绝对与组织目标统一，谁能让所有人的个人特殊性降低到最低点，大家还心甘情愿，谁就会得到大家的认可。

比如，上司能做到周密的控制。组织里的事情，实际到了上司那个节骨眼上，所有的事情都没有办法准确地找到责任人了，因为这件事已经涉及了太多层级。上游地带是一坨混沌所在，对于上司而言，他绝对不能说“这是我没有想到的事情”。

一般来说，下属主要处理“收敛型”问题，而上司则是处理“发散型”问题。在处理问题的时候，下属偏向于找到正确的问题，因为正确的问题是唯一的、可衡量的、可以用来表功的；而上司偏向于找到有效的问题，因为有效的才是能救命的。

有些非常聪明的人，在办公室里说变笨就变笨了，连一些小事再怎么做都跟不上上司的思路。因为大多数人在儿童时期都被灌输了“父母有答案”的认识，学生时代都被灌输了“老师有答案”的认识，进入工作中也必定会认为“上司有答案”。一旦发现“上面的”并没有一切答案时，又会倾向于以不屑的态度、不服从的面孔对待上司。如果你有这种心态，那就是你还在做下属的原因。

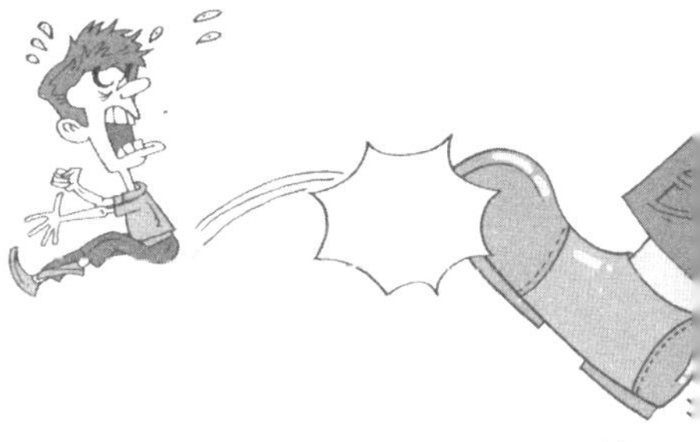

赢得上司赞许的几个预兆

有的人认为，只要自己能把工作做好，就是个好下属了。但这只是一种一厢情愿的想法，如果想在办公室政治中赢得更大的发展空间，即有所发展，关键还是要赢得上司的心。除了你能完成公司的任务，达到指标，你还得做好你的上司和公司想做的。这样，当你需要向上攀登或是获得更多机会时，你才可能获得来自上司的帮助。

如果你具备以下集中情况，就说明你在办公室还是处于“工蚁”的阶层，忙碌的“工蚁”是办公室里普通的角色，老板和上司的心根本就不会为你停留一会。

1. 与上司谈的都是工作中比较紧急或是琐碎的工作细节。

2. 平时大多时候打交道的是和自己差不多的员工。

3. 认识每一个部门上司，却不了解未来一段时间他们最关心的是什么。

4. 会和上司以及其他部门的主管热情地打招呼，但没有过深交往。

5. 对本部门的流程很了解，却不了解公司和各个业务部门的核心策略。

6. 认为自己只要认真工作就会得到上司承认，却很少询问上司对自己工作的建议与想法。

7. 花在老板身上的时间低于工作时间的 20%。

8. 从来没有与上司讨论过关于公司、部门大方向的问题与规划。

如果你存在上述的一种或多种问题，你得把自己禁闭反思三日了。为

什么自己会是这样一个角色？这时候，你需要每周、每月花一部分时间了解上司的想法和观念，了解他想要做什么。你得深入思考一下，上司对你有什么样的期望和看法。

你需要做到更主动一些，去征求上司的建议。在执行一些任务时，主动去和上司探讨方案，这体现了你认可上司存在的价值，当上司能体会到你对他的尊重，他也会对你格外重视。长此以往，你的工作就不是工蚁式的忙碌执行，从某种意义上说，你已经跟上了上司的步伐了。

第4章

基础法则：服从上司意志

尊重上司的职场意识

一个人在职场如何才能变得聪明，关键是看他对职场意识的把握程度。换句话来说，一个人是否真正有能力，是否聪明，不是取决于他多么听话，更不是取决于他多么勤奋，而是取决于他对职场意识的灵敏。所谓职场意识就是你是否知道哪些工作对公司来说真正有价值，即使你的能力不足，也强过那些虽然有能力却缺乏对工作实效有评估意识的人。

在职场中，任何一个人都面临着怎么做好一个好下属的挑战。哪怕你已经做到了CEO，你还得受到董事会的限制。搞好与上司的关系，是每个职场人都要注重的事情。而尊重上司，是你一个最起码的职业意识，若没有这一职业意识，无论你到哪里、做什么都有磕磕绊绊等着你。

尊重上司固然包括能多一些晋升的机会等现实目的，还包括作为一个上司，他有很多你可学习的地方。他不仅是你工作上的上司，从另一个角度上讲，他也是在职场中看你成长的老师。从你个人成长方面来看，你把上司优秀的地方如果都学到了，不但可以弥补自己与上司的差距，如果再加上你自己优于上司的地方，这样综合起来你总的能力也就超过了上司。

上司处在相关的位置上，不是上司有齐天大圣的本领，而是上司的岗位非常重要。之所以目前你没有得到晋升，偶然的因素有，但更多的是必然因素，就是你的积累不够。

所有的上司对下属尊重自己有着很强的渴求心理。下属的尊重是上司

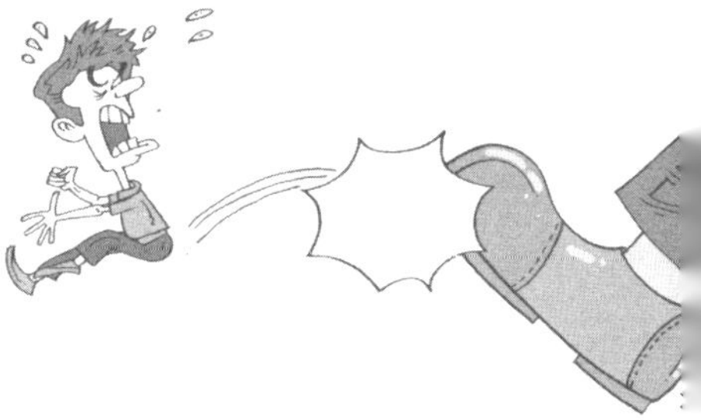

提高领导威望、增强领导控制力和驾驭力、保证工作顺利开展的精神力量。因此应该时刻维护上司的地位。那些在人前好跟上司争论的人，背后与他人议论上司的人，都有可能因泄一时之愤而断送掉自己的前程。不管上司在你的眼里有这样或者那样的缺点，你得相信的一点是，上司的上司肯定是维护你的上司的。当然，尊重不等于卑下。如果在上司面前唯唯诺诺，见风使舵，只顾抬轿子，时间长了也必然让人生厌。

意识到尊重上司的重要性，你才能有更主动的意识，去观察公司的生态，对公司的个性观察才能有所针对。这样的话，才能更容易把握公司真正需要什么样的工作，你的工作效率才能得到有效提高。

有效对待上司的指令

下属服从上司，这是天经地义的事情。基本上没有一个老板喜欢带刺的员工，没有一个老板喜欢自己的指示被打折执行。对老板的指令，员工一般只有两种选择，要么干，要么走人。但是，并不是老板的每一条指令都是正确合理的，这里就面临着一个怎么巧妙执行老板的指令的问题。

工作上卓有成效的阿云不喜欢经理经常对她指手画脚。时间一长，经理也看出了她对自己心有不服，便逐渐疏远阿云。终于有一天，忍无可忍的阿云跟经理大吵一架后，愤然地摔门而去。失去了一份令人羡慕的工作的阿云开始寻找自己未知的天地。但问题是，如果她跟下一位经理的关系还是很紧张，那么她是否还会摔门而去，另觅他处呢？

在一些公司里会有一些"刺头"或"渣子头"，自以为怀才不遇，恃才傲物，对上司的吩咐满不在乎；家事、国事、天下事都可在他大脑中"存档"，唯有上司的命令可以马马虎虎对付。比如一天中午，办公室的上司问同事小汪："小汪，我让你复印的资料怎么样了？"小汪三分惊讶七分漫不经心地反问："复印什么资料？"当着其他下属的面，这位上司很丢面子，气呼呼地训道："你怎么对我说过的话这样不放在心上!"照常理而论，小汪应立刻道歉，找个原因给上司一个台阶下，待上司稍有息怒，迅速去把资料复印来交给上司。这样，上司再火盛也会阴转晴，顶多再训他两句，也许还是面带笑容的，年轻人事情多，上司一般会谅解他们的疏漏。但这

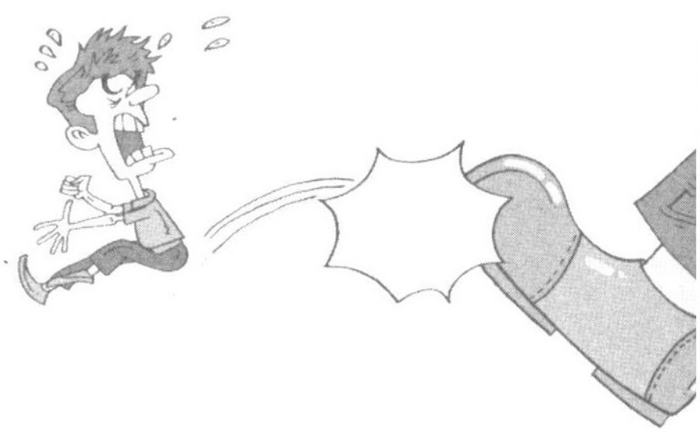

位汪爷既没道歉，也没立即去复印，而是屁股一扭，撒腿走人了。

在公司里，同样都是服从上司、尊重上司，但每个人在上司心目中的位置却大不相同，什么原因呢？这一问题的关键是能否掌握服从的艺术。服从上司绝不是“愚忠”和毫无原则地奉承。聪明的服从就要善于服从、善于表现。有的肯动脑子，会表现，主动出击，经常能让上司满意地感受到他的命令已被圆满地执行，并且收获很大。

单身员工阿君患肺结核住进了医院，上司动员同事们去做经常性护理。大家面面相觑，无人表态，上司很尴尬。最后，年轻的小伙子刘君主动站出来，为上司解了燃眉之急。上司大为感动，会上表扬，私下感谢当然不在话下。关键时刻服从一次，替上司解忧，胜过平时服从10次，而且还会深深打动上司，使其铭记在心。

还有一种情况是，有些上司基础较差，专业知识不精，在下属心目中的位置自然不高，但对下属的反应却格外敏感。这个时候，聪明的你不妨借鉴他多年的工作经验，以你的才干弥补其专业知识的不足，在服从其决定的同时，主动献计献策，既积极配合上司工作，表现出对上司的尊重，又能适当展现自己的才华，英雄找到用武之地，成为上司的左膀右臂。上司不但会记住你，更会感激你，一分付出，两分收获，何乐而不为呢？

此外，上司的注意力可能更多地集中于才华出众的“专家”型下属身

上，他们服从与否，直接决定上司的决策执行水平和质量。所以，如果你真有能力，正确的方法不是无视上司，而应认真去执行上司交办的任务，妥善地弥补上司的失误，在服从中显示你不凡的才智，这样，你就获得了优于他人的优势。才干加巧干，会使你成为上司心理天平上一枚沉甸甸的砝码。

当然了，对任何一个职场人而言，甚至是职场老手，几乎都曾有过刁难上司、违背上司命令的经历，虽然在平时他们大多数都能很好地与上司

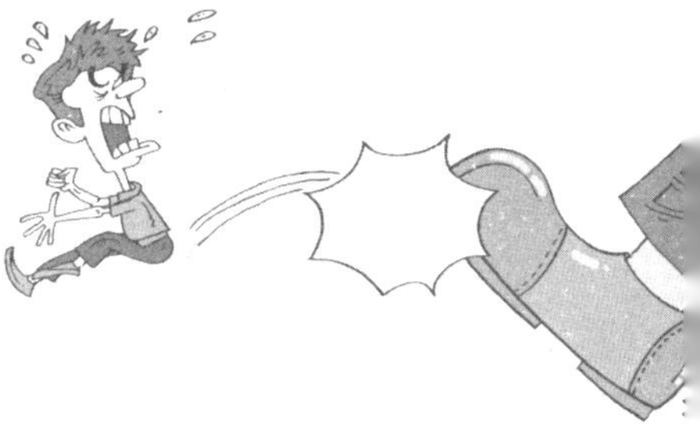

相处。上司的决策与自己有根本性分歧，或交办的事情对自己并无好处且有可能得罪同事时，会不愿执行上司的决定。或由于上司不公平，自己的奖金比别人少，或者评职称不如意，或刚刚受到上司的批评或成为上司的发泄对象，感到气不顺，心不平，可能会情绪化地对待上司的命令，不服从甚至顶撞上司的新安排和命令，这些都是不服从的原因。

无论如何，善于服从，你才能在服从老板决定的同时发挥自己的能力，帮助老板作出正确的决定。从表面上来看，“刺头”们超凡脱俗，潇洒自在，但实际上，与上司之间已经有意识地划出了一条鸿沟，这对自己的事业是否有利，估计有头脑的人都能掂量得出来。服从老板的指令尽管会有这样或者那样的灵活性，但是无论如何，与老板或者上司的指令对着干的人的结局有多难看，都是情理之中的了。

服从的终极价值

没有服从就形不成统一的意志和力量，任何事情都不会有成就。演员不服从导演，就没有鸿篇巨制；军队不服从指挥官，后果肯定是灭亡。从统一意志、统一步调的角度讲，社会就是在领导与被领导，权力与服从的矛盾运动中前进的。在一个公司或者是一个团队里，下属对上司的尊重与服从从来都是两大恒定主题。

作为一个下属也应该在潜意识中去认识到尊重与服从的价值所在。如果你上司要求你向东，但你偏偏向西，不被枪毙才怪！但是服从不等于盲从，你一定要能够独立思考，处事有主见。对上司的能力、水平、人格可以认同和赞赏，但不能迷信及个人崇拜；可以尊重、热爱自己的上司，并认真执行上司的正确意见和主张，但不能盲从。因为盲从往往会导致其脱离实际，生活在虚无缥缈中，最终会掉下无底深渊，不能自拔。

建议先看一下《职场动物进化》中一篇新编的职场动物（职场人物特性代称）动态表。

从这个表中，我们可以得到以下几点启发：

那些具有职场意识，服从上司意志，知道什么工作必须要做、什么工作一定不能做，并正确地做工作的动物，都排在前面；毫无意义与毫无价值的工作做得越多，排序就越靠后；那些拼命苦干如同蠢驴般的动物，正是因为缺少了这种以职场意识为导向的工作价值评估能力。

名称及排序	是否服从上司	工作能力强度	是否有职场意识	职场地位及走势	稳定程度
1. 狗	服从上司	工作能力强	职场意识最强	这种动物可遇而不可求，很难见得到。但一旦出现，就会迅速走红上升，任何类型的上司都无力压制住他们。	恒态稳定。
2. 野狼	不服从上司	工作能力强	职场意识明确	是尚未进化成狗的最高级动物，唯一的缺点是不服从上司。尽管他不肯服从上司，但上司却不敢轻启战端，而是小心翼翼地将其放在仅次于狗的位置上。	挑战无论是成功还是失败，都会获得升职机会。
3. 狐狸	服从上司	缺乏实际工作能力	职场意识明确	虽然他的聪明使他成为上司最依赖的助手，但是上司对他的态度是恨狐不成狗。	不会轻启战端，相对稳定。
4. 刺猬	不服从上司	无实际工作能力	职场意识明确	这只动物几乎可以说是一无是处了，但上司仍然不敢小看他们，因为他们聪明，决不会染指垃圾工作，更不会踏入陷阱工作，遇到真正有价值的工作他都会想办法挤进去占个位置。	行动莽撞，一旦失败后果严重。
5. 笨猪	服从上司	无实际工作能力	职场意识模糊	这种动物唯一的好处就是服从，但对它来说有这一点就足够了。笨猪的悲惨在于如果换了上司，笨猪的末日也就到头了。	固定环境下稳定，动荡时期会遭淘汰。
6. 野牛	最不肯服从	工作能力极强	最缺乏职场意识	这种动物平时自视甚高，缺乏人缘，做事较猛，并不考虑他人感受及后果。野牛的悲剧在于，一有事故，它就第一个上祭坛。	极不稳定。
7. 老鼠				老鼠没有任何优点，不服从，无工作能力，也没有职场意识，浑浑噩噩听天由命，但因为蠢驴的愚蠢衬托出了他的无为，有时候运气反倒比狗好。	极不稳定。
8. 蠢驴				蠢驴被排在了最后一位，究其原因，是因为他们垃圾工作做得过多，那些毫无价值的工作做得多了，同样是多做多错，这种愚蠢的勤奋不仅无功，反而有过。	极不稳定。

任务的接受与执行

没有人接受和执行的计划，即使设计得再完美，也只是“纸上谈兵”。对上司而言，相对于才华，执行力才是他们更重视的，下属服从和行动的结果往往决定他们的决策执行水平和质量。高质量，并且在恰当的时候完成上司交给的任务，是决定你职场加分的重要项。

比如，当上司提出一项确实有难度的任务，周围同事还在犹豫不决的时候，你的勇于担当，就足以显示出你的胆略和能力。此外，在接受上司的任务时，类似“好像”“大概”“待会儿”“说不定”等词千万不要经常出现在嘴边，没有一个上司喜欢听废话，上司只希望听到两个答案，能或者不能。你似是而非的回答往往会影响到他的全盘计划，时间长了，他对你这个人的看法也是似是而非，久而久之，很多事情就不愿交给你做了。

很多上司并不希望通过单纯的发号施令来推动下属开展工作。所以，如果你真有水平，想发挥自己的聪明才智，就应该认真执行老板下达的任务，巧妙地弥补老板的失误，在服从中显示你非凡的才华，既表示对老板的忠诚，又显示了自己的才能，智能加巧干，上司又怎么能不器重你呢？

一位职场老江湖曾如此总结，下属请求上司比顺从上司更高一个层次，是一种变被动为主动的技巧，它不仅体现了下属的工作积极性、主动性，还增加了让上司认识自己的机会。这种主动请求任务的工作方式已越来越为现代型的上司和下属重视。

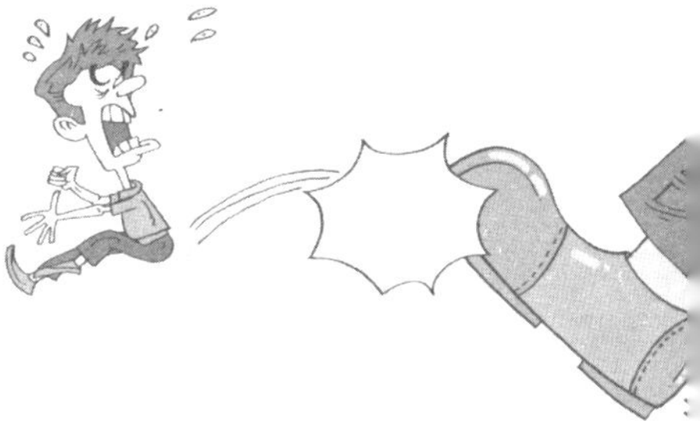

拖延是现代职场的大敌。一般来说，上司交给你任务时有他的考虑，起码他认为这个事情你能做好。但是，你接下任务后犹豫不决，有些事情不知如何下手，这个时候，你应该赶快求助于经验丰富的前辈，否则徘徊和犹豫会给你更多的压力，也会把剩下的时间蚕食殆尽。因此养成“说做就做”的好习惯在工作中是非常必要的。

对上司下达的任务一定要先了解清楚他的用意何在，他想达到一个什么样的效果，而不是匆匆忙忙就去做。上司有所指示的时候，就要立即加以确认，让上司再说明一次，听清楚不明白的地方，有正确把握后再付诸实行。如果工作进行当中又发现了疑点，要再向上司确认，绝不要私自揣测。当你发现你的上司错误地制定了一项方案或发出错误的指示时，作为下级，你会处于一个很尴尬的境地。按照上司错误的方案和指示去做，势必会导致失败的结局。这样的结果会对你造成伤害。

总而言之，接受上司的任务或者是工作指令，态度上要有高度的重视。你必须放下手中的工作，全神贯注了解新工作的主要内容。在此基础上，在执行中自我提升，制定能得到认可的工作计划，在执行过程中出现问题能随机应变加以解决。

当然，不是所有的任务你都得毫无折扣地去执行，你不是神仙，你的能力也是有限的，如果上司派给你一件你根本无法胜任的工作，而且是与

他人的工作有冲突或者时间来不及，你可以坦率地向上司陈述你的理由，由他决定该怎么做。如果是你担心自己的能力，怕万一搞砸了，可以先向上司说明自己担心的具体问题，由他来提出完成任务的办法或建议。钻牛角尖或者是硬撑着，活受罪的是你，上司的工作也会因此被耽误。

任务完成后，不要匆忙交上去。做任何事一定都要检查两次，确认没有错漏才交到上司面前。谨记工作时限，若不能准时做好，应预先通知上司，当然最好不需这样做。必须圆满地把工作完成，不要等上司告诉你应该怎样去做。

“巧妇难为无米之炊，菜香味美也需调料齐全”，有效的执行需要充分、合理的资源配给和利用。资源分配通常包括“人、财、物、时间、信息、环境”六方面要素，获取资源也是一种能力，在完成工作任务过程中，要学会去便捷地获得这些资源。

一定要记牢的是，不要轻易向上司承诺你完成工作的效果、期限，在一些没有把握而未知的事情面前，保守有时候是给自己留一条后路。

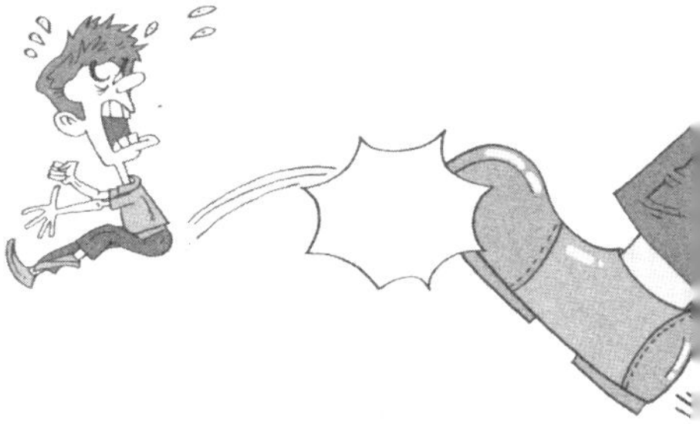

明确你的工作动态

上司怎么考虑自己的？自己在这个团队里是一个什么样的角色？相信这个问题是职场中人普遍关心的，对于菜鸟来说，更是抓狂。在职场上，了解上司对你的印象，说白了就是为自己的前程把把脉。有的人虽然十分注重上司对自己的印象，但得到夸奖便沾沾自喜，得到批评就沮丧得像霜打的茄子。

作为上司也是如此，他也在关注着每个下属的业绩与能力。有些下属总以自己做了一点小事儿感到满足，在上司面前喜欢显摆，在周围同事儿面前常常炫耀。当然，也只有菜鸟才做得出来。这是职场上比较犯忌讳的事情，这么做，不但不会得到领导的赏识和信任，周围的同事也会“另眼相看”。而有的下属，对待工作却瞻前顾后，什么都不敢去做。

入职时间不长，在一个广告公司上班的阿青，每次上司拿出一个文案来让大家做时，尽管她也很想去试一试，但总是怕自己做不好，怕给上司留下不好的印象而放弃多次尝试的机会。可是看到其他同事因为文案做得好而与主管们走得很近，有的甚至因此升职时，她心里却又暗暗自嘲自己的无能。

做事既要踏实，尽力把你应该做的事情做好，又不要太在意上司的评价，你完全可以去接下你认为自己可以胜任的工作，主动让上司知道你的工作进度，并表明你的思路。这样做表面上是让上司可以掌握整个方向，

实际上却是在累积你对主管的影响力，让他放心授权。也许一些清高的下属认为，经常性地找上司汇报，会有拍马屁之嫌，怕引起同事背后向他甩鼻涕。但你千万不要以为上司都知道或应该知道你在做什么，让上司了解你绝不等同于拍马屁，因为最根本的核心依然是你的专业能力和做事态度。

有一个替人割草打工的男孩，有一天打电话给一位姓李的太太，问她："您需要割草工吗？"

李太太说："现在不需要，我已雇用了割草工了。"

男孩进一步试探说："我会帮您拔掉花丛中的杂草。"

李太太回答："我的割草工也做了。"

男孩又说："我还会帮您把草与走道的四周割齐。"

李太太说："我请的那人也已做了，谢谢你，我不需要新的割草工人。"

男孩便挂了电话，此时男孩的室友问他说："你不是就在李太太那割草打工吗？为什么还要打这电话？"

男孩说："我只是想知道我做得有多好！"

即使掌握了上司对你的态度与印象，也不一定非得听到上司的夸奖声，有时，一个眼神，一张笑脸，一个拍拍你肩膀的小动作，都很说明问题，不可自以为是。只有不断地从不同侧面探询上司的评价，你才有可能知道

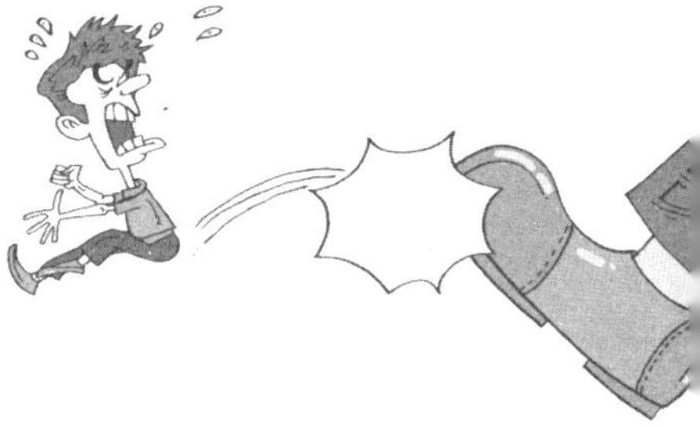

自己的长处与短处。不要萧规曹随，凡事想清楚事出何因，多问几个为什么。如果你不去主动做事，不去与主管沟通，又怎么能让上司对自己放心呢？

其实，越是上司的爱将，越需要主动让上司了解，每一次接触，都是他定义你的时候。不仅要了解上司对你的好印象，还要了解上司对你有什么不满意的地方。平日接触机会越少，犯错误的成本就会相对越高。反之，如果上司平日对你了解较多，容忍犯错的弹性与授权空间自然较大。

实际上，上司也要通过了解自己下属的状态来赢得高层的认可。比方说，你在做什么，他也需要做到心中有数，需要一种工作计划的落实及安全感。甚至，如果你的上司可以脱口而出“我知道×××目前在做×××项目，他已经做到××程度了”，这就说明上司对你的了解已经初步奏效了。

适应上司的领导风格

上司作为一个普通人，也有七情六欲，所以他的性格也会决定他的领导风格。实际上领导风格的不同，确实在短期内会对我们的工作产生一定的影响，比如感觉工作好像不如原来顺畅，花在沟通请示上的时间更多了，但是，适应各种不同的领导风格，本身就是自己职场长进的一个标志。

当然，如果你碰到的上司神情冷漠，待人傲慢、刻薄，从来只按照自己的想法和风格做事，你有时对他的工作气质与领导风格不太适应甚至忍无可忍，那也是没有办法的事。如果你真的无法接受这样的领导者，那只有决定用跳槽的方法来作为自己的出路了。

其实事情并不会糟到如此地步，当你要剖析自己的上司的领导风格时，可能会发现最终的情况起了变化。一般上司本人的自我评价很高，并不认为自己喜欢发号施令，更不是天生的批评家。

新上司的到来让职场老手张波犯迷糊过一阵。一开始，张波干脆无论大事小事都第一时间向上司汇报，不管上司是在外地出差，还是在办公室里。开始时上司还非常满意地听取张波的汇报，然而时间一长，上司就有了被骚扰的感觉。终于有一天上司对张波说：我需要了解你的工作进展时，再请你来汇报，你的工作能力我放心。

在这个案例中，张波的上司明显因为张波的充分尊重而产生了安全感。当上司产生了安全感后，会慢慢调整自己的领导风格。反之，如果你故意

挑战上司的权威，并不按他的领导方式行事，当上司的安全感都没了，估计你自己也很难有安全感了。

作为上司，他除了具备很强的业务能力，也同时具备敏锐的观察下属的能力，正确判断下属的处境和需求，有针对性地提出工作安排，双方形成良好的互动，提高工作效率。这当然是一种最为理想的状态，但是无论如何，上司的领导风格很少会因为下属而改变，作为下属，需要做的就是去适应，融入新的工作环境。

解剖上司的潜在意图

看云识雨、见微知著，作为一个聪明的员工，听懂领导话中深义是非常重要的。要做到这点大有讲究。上司考察一个人的时候，因为种种原因的考虑，可能不会把话说得那么白，但却放在心上，或以身体语言来表达，或以面部表情来示意。这时候就需要你多一点心思，仔细去领会其中的潜台词，从而作出自己的判断，才有可能同上司达成某种默契。否则，如果上司总抱怨你“不灵通”、“交代多少遍也不明白”，那么你最好在“领悟力”上多下功夫，否则一个榆木脑袋怎么会有出头之日？

很多人与上司交谈，心思往往只是注意他对自己的态度如何，构思自己应如何反应，而没有真正听清上司所谈的问题。你不仅要理解上司所谈的问题，还要理解他话里蕴含之意。领悟上司的“潜台词”，是做下属的重要法宝。很多时候，碍于职务身份等关系，上司无法直截了当地把话讲出来，所以他的潜台词既多又微妙。你就要做一个有心人，通过察言观色，充分领会他的言外之意、话外之音，给上司以懂事明理、机智灵活的“一休”感觉，来获得上司的点头和含笑。

阿风是一家报社的摄影记者，虽然在摄影上有所成绩，可他却并不满意，想在新闻写作上试试。一天，总编给了他几本书说：“这是几本有关新闻写作方面的书，你看看吧。”阿风思索了许久，决定认真钻研一番。一个月后，总编问他：“书读得怎样了？”阿风将一大本心得笔记交到总编面

前。这令总编欣喜不已，阿风顺利地实现了自己的愿望。

把握上司的话语意图，还可以根据领导说话的语气和表情，去捕捉、判断其隐含的本意。比如，上司说："我不必参加这次宴会了吧。"如果你信以为真，无疑你会失败得像《卖拐》小品里的范师傅。因为话中的"不必""吧"，很明显有半推半就的意味。他希望的是你再次邀请他，以便显示他的某种尊贵和权威。如果你信其表象，那就意味着错过了一次良机，还会被上司暗骂"怎么这么实在呢"。

含蓄地表达自己的意图是上司常用的工作方式之一。只有木头脑壳才会仅仅按照字面意思去理解上司的话。比如，上司问你："工作进行得怎么样？"其实并非想仔细探究你当前的状况，只是随意表达作为一个上司的关心，这时候，他并不愿意听到不好的消息。

还有些上司，你得学会听他的"话外音"。例如："我没听你说过。"这句的本意是：不是我的责任。有些怕担责任的上司尽管心知肚明，也常会用这句话把自己从责任中解脱出来。又例如他说"全交给你了"，这句的本意是：虽然我信赖你，但是不意味着你可以不向我请示。所以你不要以为上司说全权委托你执行，你就可以我行我素地"放手去做"。其实，上司说这种话，在很大程度上是对你工作积极性的一种鼓励，而并非真要你"独来独往"。你最好还是将工作的进展程度和范围向上司请示清楚，千万

别自作主张，使结果与他的预想出入太大，挫伤双方的感情。当然，你也要做好心理准备，如果你及时向他汇报工作，他大概会说：“你看着办吧。”

认真听取上司的讲话，是准确领会上司意图的关键。在聆听上司谈话时，要随时露出感动、认同的表情，偶尔重复上司的话语，请求其给予更详细的说明解释。开始时会有点别扭，几次后自然就会适应了。总之，不论时间、不论场所，即使自己身体不舒服或疲累，对上司绝对不可忘记说“尊敬”的话。上司有所吩咐，一定要心悦诚服地以明快的声音和态度来应答。

“上司发表讲演，当他一坐下来你就鼓掌，他会把你的敬意当作是一般的礼节；但是，过了一会儿，你要让他知道，你被他讲演中的某些动人之处所吸引。这时，你也许会以为他很快会淡忘了此事，其实不然，他会将你的赞扬长时间地铭记在心，甚至当你对他的讲演已经印象淡薄时，他还会念念不忘。”这是泰勒在《政治家》一书中写到的。

实际上，你在很多地方都可以运用这种技巧。比如，跟上司一起吃饭时，听取上司的人生经验，对他的大吹大擂，甚至是自言自语，你也要表现出十二分的兴趣，并不时能应和两句，加以赞扬，跟跟风，没有人不喜欢别人对他自以为辉煌的经历感兴趣，何况还是加以肯定的。

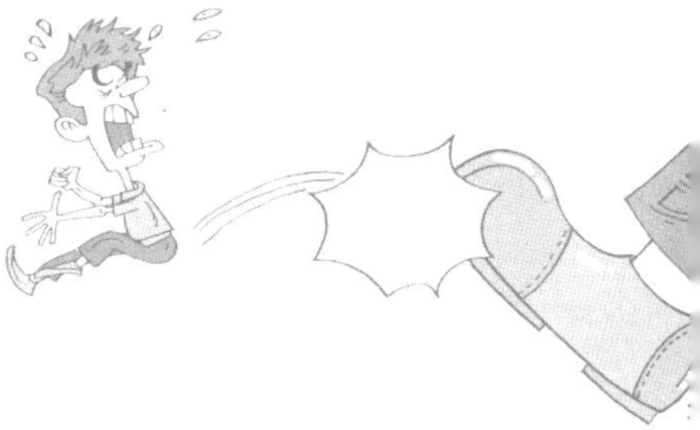

胜任自己的工作

胜任自己的工作是实现职场新人向专业职业人转变的最关键的一跃，要达到这种阶段有点让人迫不及待，也有点让人忐忑不安。上司对你能否胜任工作的直接考察与评价方法就是一条：是骡子是马先拉出去遛遛。

一个公司的制度设计，决定了员工的升迁所遵循的条件。对你个人而言，并不是天天都期待着升职的机遇落在你的头上，而是能找到一个自己能游刃有余的岗位好好发挥自己的专长。每一个等级与环节的工作，都需要员工能胜任。对于下属来说，你的职责就是帮助上司有效地工作并且取得更好的业绩。这样，下属与上司的关系才能构成一个互相推动的作用力。下属的升迁机会，不是把上司从高位上拽下来，而是要帮助上司晋升到更高的位子上，你自己坐到他现在的位子上去。

已经在IT圈打拼了近两年的琪兰加盟到广东的一个新公司天时制造。为了能打开通向IT之门，琪兰在头4个月里骑着自行车踏遍了整个天河区，每条街、每幢楼、每条楼梯、每家客户她都了如指掌。一年后，琪兰又赶上了“红色正版风暴”活动，凭以前的经验，她做了两件令公司同事刮目相看的事，也改变了她的职业生涯。琪兰用了两个多星期的时间，独自调查并整理出一份广东软件零售终端的报告，用一天巡20个店的效率，将广东市场的软件店、书市、商场、邮局、高校等可以销售软件产品的终端做了一份详细的调查。调查内容包括：这些终端的月均营业额、本公司

产品在其中所占的销售比例、竞争对手产品的销售比例等，以及评估分析这些已开发和未开发的终端可以带来的效益。

为了筹备大型首发式活动，琪兰又忙于培训各家店面的促销员、租场地、布置会场、联系供货等琐碎繁多的事务，在公司整整打了两个星期的地铺，累了就睡，醒了接着工作。结果在产品首发当天，首发主场之一的广东某图书大厦，购买的队伍从三楼排到一楼大厅，不到下午 3 点，5000 套产品即销售一空；全国在30 天内，实现了 120 万套的销售业绩，这个销售量在当时盗版横行的国内，是个销量奇迹。“红色正版风暴”后，琪兰自己变成了焦点“风暴”，成了主抓各地销售的主管。

一个人对工作的胜任，主要表现在他能准确地了解上司的期望和不满，帮助他排忧解难，创造出一定的有价值的东西。这些需要你平时的积累，多问几个为什么，多想想怎么样协助上司把工作做得更完美一些，而不只是按部就班、甘于听命地像古戏里唯唯诺诺的听差。

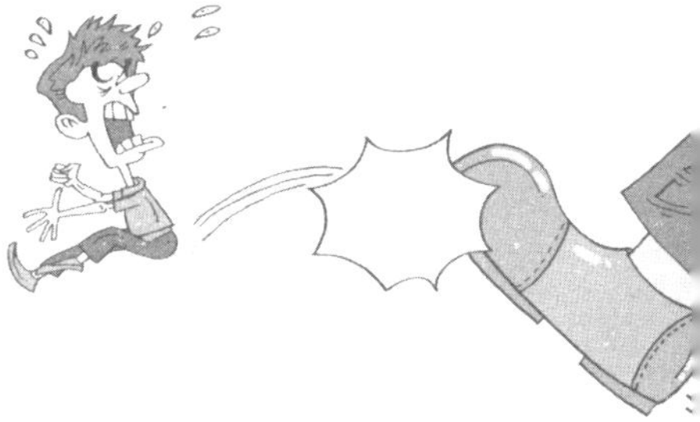

收敛自己的锋芒

俗话说："花要半开，酒要半醉。"大凡鲜花盛开得最娇艳的时候，不是立即被人采摘而去，也就是衰败的开始。尽管每一个上司都会注重员工个人的发挥，但是，没有一个上司喜欢一个张扬得不可一世的下属。人在职场，不能太瞧不起自己，也不要把自己看得太夜郎了，更不要把自己看成是救公司济员工的活菩萨，必要时还是掩饰起你的一些个性锋芒，夹好自己欲要上翘的尾巴。

职场圈子就是一个小社会，很多事情不是简单地解释就可以清楚的。不露锋芒可能永远得不到重任，锋芒太露却又容易招人暗枪。当你施展自己的才华、个性张扬时，也埋下了危机的种子。所以才华显露要适可而止，该露时露，不该露时就装愚，韬晦有度永远是智慧的形式之一。

也有些人认为，对于一个有实力的人而言，个性张扬实际上也是宣示自己的能力，在充分尊重上司又不伤害同事面子的情况下，张扬也不为过。这其实也是错误的想法。阿T应聘到公司任职不久，部门经理就对他说："老弟，我随时准备交班。"说心里话，当时阿T也是这么想的，因为经理是自学成才的，知识和修养存在先天不足。而阿T是从名牌大学毕业的，在外资企业已有5年的工作经验，独立有主见，工作能力强。由于个性率直，在讨论一些工作问题时，他向来直来直去，舌头从不会绕弯，为此他常与上司发生争执。虽然上司有时对他也有一定的暗示，但他却不以为然。

久而久之，上司便渐渐疏远他，让他渐渐失去施展才华的舞台。

阿 T 的症结就在于锋芒毕露。虽然阿 T 的能力确实超过他上司，但他不知道上司毕竟是他的主管领导。在上司眼里，下属永远比他差一截他才会有成就感。你的能力比上司强，他本就坐立不安了，如果再明目张胆地与他眼对眼对着干，哪怕你是无心的，上司也忍不住会把你搞成一块压缩饼干。

收起自己的锋芒，有很多的技巧和细节需要注意。比如，在你做汇报的时候，可以有意识地打点埋伏，留下空间给上司作总结，而不是滔滔不绝，把上司晾在一边。还有就是在平时也要多跟上司请示汇报，尤其是一些重要的决策性的问题，更要等上司表态后去执行。有些工作就算取得了成绩，也要有意识地把“功劳”让给上司，只有上司对你有足够的信任，你才能得到足够的发挥空间和机会。但是你需要清楚的是收起自己的锋芒，绝不是收起你向上飞翔的翅膀。

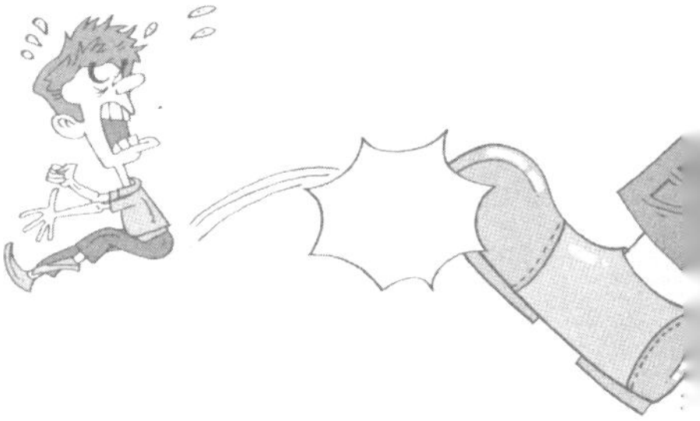

上司支持的真相

得到上司的支持，自然是每个下属都十分渴望的事情。最渴望的事情，一般也是很难达到的事情，上司的支持也是如此。有些人可能终老一生，都没体会过上司支持的感觉。

一般来说，上司支持与否，也体现了他对你工作的态度。如果上司在某项工作上不支持你，那就说明你的上司不喜欢你提出的思路和方案，这时候作为一个严肃认真的提出者，你的主要责任就是去考虑你上司的上司是否是一个更合适的目标，你应该设法让他们来支持你提出的计划方案。当然，你还可以采取其他的方式，例如通过其他支持你的人来让你的上司明白他自己的错误。例如，某公司的一位品牌推销员把他自己的创意先和上司的夫人探讨，把她作为一个重要的目标客户，因为获得了她的同意也就等于是让他上司的夫人加入到了自己公司内部的变革的队伍中来，最终获得了自己期望的支持。

当然，上司的支持有时候也会有很多的办公室政治色彩。假如在部门同事都反对你的想法时，上司忽然力排众议坚决支持你，这时候你先不要高兴，而是应该想一想这是为什么。

这时上司坚决支持你，只会有两种可能：真的，或是假的。

我们先乐观地假定：这种支持是真的，那么说明上司对你抱有极大期望，因此甘冒“忤逆民心”、丧失威望的风险。他坚决支持你，并不意味着

他认为那些反对你的声音完全是错的，而你是完全对的，只不过是在他眼中你的“问题”目前还远比不上你的“价值”，同时自信他还能驾驭住那些反对你的人。如果，你出现一些意外，使你在他心中的这个平衡发生强烈震荡时，你将发现，这个世界真是计划没有变化快。

这是从乐观的角度出发，但还是危机重重。上司所谓支持的表态实际上也给他留了一个台阶，当你激动地“表演”直到傻瓜都认为你的行为大逆不道时，他再顺理成章地“幡然悔悟”。因为在一个办公室里，真理不大可能被你这样一个下属所拥有，事情到了这一地步，你只能愿赌服输，向上司递个检查了。

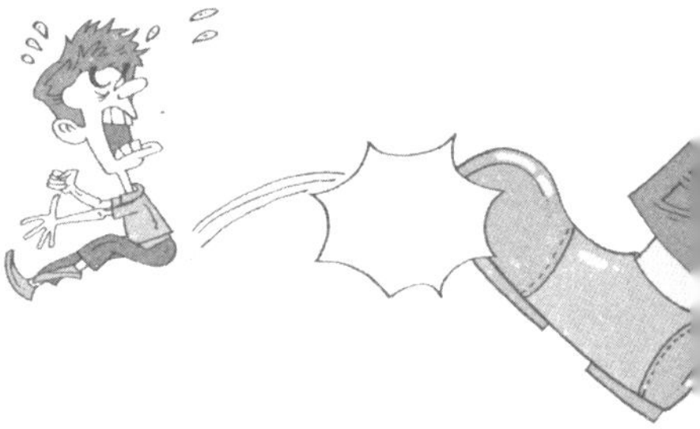

荣耀先归于上司

虚怀若谷，将荣耀和成绩归于下属，自己甘当幕后英雄，这样的上司不是没有，能遇到这样的上司当然是做下属的运气。但这种概率很小，和体育彩票中大奖差不多。大多数时候，还是要做好与一个斤斤计较、与下属争利的上司相处的准备，这样的上司一般看重工作上的荣耀，如何满足他又不失你的利益，这里也有很多学问可做。

在一家刚成立的咨询公司工作的阿光，三个多月做下来，感觉自己是巨石下的小草，拼命挺直身子，在公司里挣扎活命。主要原因就是自己做成的客户，汇报到老板那里都变成顶头上司的业绩。顶头上司是凭借骄人的工作经历被招进公司直接做的客户总监，仅比阿光早进公司两个多月。据说客户总监在阿光进公司前的业绩平平，阿光进公司后，却有了点“高歌猛进”的意味，而老板完全不知道这其中是阿光的成绩。与朋友们说起这些事，阿光最常用的一个词是“最近比较烦”。

在一些不太规范的小公司，这种情况很容易发生。多数人在面对这种情况时，会选择忍气吞声甚至是一走了之，很少有人会采取一些积极有效的措施，争取合理的权益。最后如愿的还是那些“黑心”的上司，而自己则要承受找工的颠簸。

其实，在这种情况下，你应该将荣耀归于上司。首先，作为下属，你应该有一颗平常心，不要太计较得失。其次，反过来推论，假如你犯了严

重错误，你的上司应不应该负连带责任呢？答案是肯定的，因为他对你督导不周，用人不当，自然负有责任。所以，如果你取得了成绩，也是因为他督导有方，而且提供了良好的工作环境，这才使你能够表现如此良好，因此他沾光也是应该的。看看，这里面还真有不少辩证道理呢。

将下属的成果完全据为己有的行为对上司而言也是存在风险的，因为上司对他会有更高的要求。如果你的创意被他改头换面当成自己的成果呈递上去后遭到否决，那么他便成了你的替死鬼。他的上司也不是傻瓜，他可能会对一些细节性的东西进行询问，一个专门靠剽窃为生的人，估计很难对答如流，除非他有非常强的能力。所以，还不如主动地把自己的成果拱让给你的上司，他高兴，你轻松。

不过，如果你的创意确实能在他的升值中起到一臂之力的作用，那么，他也很有可能记住你的功劳，关键时候也会帮你一把，以便你将来也能支持他。如果你遇到的是过河拆桥的上司，那只能感叹运气不够了。

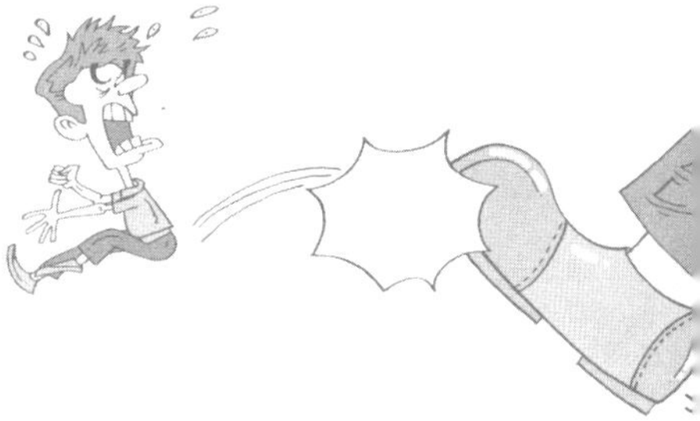

印象的最佳答卷

对一个下属来说，赢得上司良好的印象，是职场关键一步。不过，如果只为了留印象而做短暂的表面功夫，总是标新立异的话，则极有可能聪明反被聪明误。你得按你的节奏，凭自己从内到外的努力，一步步去改变。

穿着要得体是必须永远要注意的。外表是给人的第一印象，而第一印象给人又是比较深刻的，一般公司对员工的着装都不作强制要求，但你要时时刻刻把它作为规则来提醒自己，专业化的穿着会获得那些能提携你的人的好感。

在一定意义上，上司是靠“下情”来把握大局、统率一班人的。所以，作为下属能敏感地注意到工作中、同事中的种种情形，主动地向上司提供信息，就容易使双方形成互动互助的关系，也就自然达成了某种人际间的默契，而自己在工作中也就有了更大的回旋空间或提拔机会。所以平时你也可多收集一些网络、报章杂志的那些对公司有用的资讯，定期和不定期地提供给上司，即使这些不是你分内的事。

很多上司挑选下属更多的是凭自己对下属的印象与感觉，他宁可要那些具有诚实、讲信誉品格的人，也不会要那些非常精明能干、跳过很多次槽的人。但这并不说明上司只挑选可以控制在手中的庸才。他们最需要的是既忠诚又能够独当一面的下属。任何一个想有所作为、能在自己的工作范围内取得突出成绩的下属，都必须首先要得到上司的器重，得到上司器

重的一个最基本的要素就是取得上司的信赖。

还有一些细节性的问题也不容忽视，比如考勤的问题。也许自己所在的部门对迟到缺勤方面没有什么特别的要求，但你决不能随便地放松自己，不要每天不是迟到就是早退，并总认为没人注意到自己的出勤情况，或者认为单位对这方面没有严格要求，其实你在公司的一举一动上司全部看在眼里。如果你每次上班总能提前几分钟到公司或下班迟些走，你的上司就会认为你非常重视这份工作。

还有些加分项，你也得做好。比如，你平时应具有主观能动性。也就是说自己的工作自己动手解决，而不是等着领导发号施令，上面说一句，你就动一下，这样上司不得不分出精力指导具体工作，而不是全身心地干他应该做的工作。另外，一定要慎言，职务上的机密必须守口如瓶。

当上司把额外的工作指派到你头上时，你要视之为一种机遇，而不是以“这不是我分内的工作”为由来逃避责任。不管你接受的工作多么艰巨，都要努力地去做好，千万别在上司面前表现出你做不来或不知从何入手的样子。面对任何状况都能处之泰然的人，一开始就取得了优势。上司、客户不仅钦佩那些面对自己冷静沉着谈吐自如的人，更欣赏那些能在不利状态下泰然自若的人。不管上司临时指派了什么工作给你，都比你手头上的工作来得重要，你接到任务后要迅速准确及时完成，反应敏捷给上司的印

象是金钱买不到的。遇事犹豫不决或过度依赖他人意见的人，是一辈子注定要被打入冷宫的。

上司主动征询你的意见时，或者当你自己有了某种看法时，作为下属，都不妨伺机拿出自己的见解、提出自己的主张。这样，不仅容易在上下级之间产生交流与共鸣，形成互动互补的默契，而且还能使自己的才能得到表达从而争得脱颖而出的机会，上司更会对你的工作态度印象深刻。

你还得学会勇于替上司背黑锅，这是一种让上司对你留下好印象的最佳捷径。当然，背黑锅不是为了私利跟上司一起做一些小动作，败露后将所有的错一个人扛。给上司背黑锅，要看上司的德性而定，替上司背黑锅很简单，主要是自己考虑清楚值与不值。

比如，在工作中，你的顶头上司因为这样或那样的缘故而犯了错误或者得罪了他的上司，上级领导正在对其大发雷霆。这时候，就需要你挺身而出，拿出勇气，克服自己瑟瑟发抖的双腿，大声向你上司的上司交代，错误的主要责任在你自己身上。

这样一来，你的上司见你如此够义气，自然会感动不已。在共患难之后，他绝对会把你当成是“自己人”而努力栽培你，而你正好以此机会作为晋升之阶。

体现礼仪的各个环节

掌握与上司相处的礼仪，并将其作为自己的日常规范，充分把握好行为的分寸，这样才能走好与上司和谐共处的每一步。

在办公室里，把办公桌弄整洁一点，在上班时间不要常吃有强烈气味的食品及乱丢饮料瓶，这是一种最基本的办公室礼仪，也是上司观察与评价你的一个硬性指标。桌面上最好只摆放目前正在进行的工作资料；因为用餐或去洗手间暂时离开座位时，应将文件覆盖起来；下班后，应该将文件或是资料收放在抽屉或文件柜中，而不是放在桌面上。

不论是在公司还是在外，迎面碰见上司或同事都要主动问好。如果有公司的更高层领导到办公地点视察或来问话时，你要从座位上站起，以示敬意。与董事长、总经理等公司高层领导对面相遇时应减缓行走速度，向外侧让路并点头致意问好。见到他们提着过重的物品时应主动接过来。如果距离远不便呼叫，可注视之，目光相遇，点头示意就可以。近距离相处则用礼貌用语招呼。

在公众场合遇见上司，不要表示出特别热情，只需礼貌地道声“您好”就可以了。特别不要问寒问暖跟着说个没完，像个久别重逢的战友。无论在公司内或公司外，只要上司在场，离开的时候你一定要跟上司招呼一下“对不起，我先走一步了”或者说“再见”。不要在公司电梯里或办公室有第三者的情况下与上司谈论家事，特别是上司的家事。

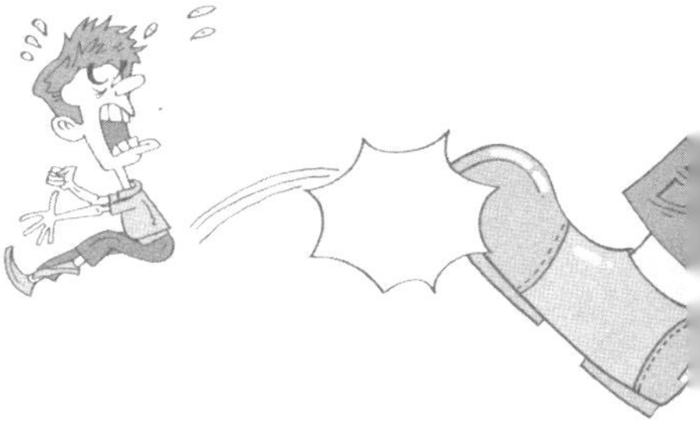

在公共汽车上或地铁里遇到上司，要主动招呼并让位，下车时说“再见”。但是在特别拥挤而狼狈的公共场所遇到上司，最好能够巧妙地躲开，让他认为你没有看见他，这样可以避免对上司虚荣心的伤害。送上司、客人坐轿车外出办事，应首先为上司或为客人打开右侧后门，并以手挡住车门上框，同时提醒上司或客人小心，等其坐好后再关门。假如与上司同坐一辆车，座位由上司决定，待其坐定后，你再任意选个空位坐下，但注意不要去坐右排右席。抵达目的地后，你应首先下车，下车后，绕过去为上司或顾客打开车门。并以手挡住车门上框，协助上司或顾客下车。

与上司一起出差，不要订同一个客房；上司入房间后，如果要找上司谈工作，必须先打电话联系，不要贸然去敲门；不要与上司在同一时间上洗手间，特别是去洗手间大小便的情况下。

上司的办公室，有时就是上司的私密空间，你千万别把它当作“刘老根大舞台”。进上司办公室一定要先敲门，并在门外等待一会儿再进去，可让上司有准备见你。上司不请坐，不要随便坐下，更不可翻动室内物品，瞟视文件等。不论你是男是女，进门时应让上司先通过；在与上司通电话结束后，一定让上司先挂机。

特别时期，上司如果给你派利是红包，你应及时拆开看，无论多少立即向上司致谢，切不可把具体的数额散布给你的同事，因为上司把红包包

起来可能是一种不公开的奖励方式，你的公开往往会引起不必要的麻烦。你可以选择另一个有意义的日子，如节日向上司送上一束花或一张卡来表示谢意。

如果你和上司同时出席一个工作酒会，其间你一定要保持好自己的职业风度，言行上切记不要抢上司的风头。宴会中要等到上司举杯了，你再跟着举杯。在自由敬酒时，你要按照级别高低举杯敬上司，千万不要拿起杯一句话不说就一饮而尽，那样上司会以为你对他或者对工作有不满情绪，更不要在上司面前喝醉失态。碰杯时，杯子不要高于对方的杯子，以示尊重对方。用双手举杯敬酒时，眼睛注视对方，喝完后再举杯表示谢意。

吃菜时，不要把筷子伸到他人面前，尤其是上司的面前，也不要插入菜盘深处，搞得翻天覆地；夹菜时，要确定你要夹什么，而不是反复挑拣，搞得翻江倒海；也不要使筷子在菜盘上穿梭游动。当自己的嘴里有食物时，不要张口与人交谈，更不要在嘴角和脸上残留食物。谈话时再激动也不要挥舞筷子，再忘形也不要拿筷子当牙签用。

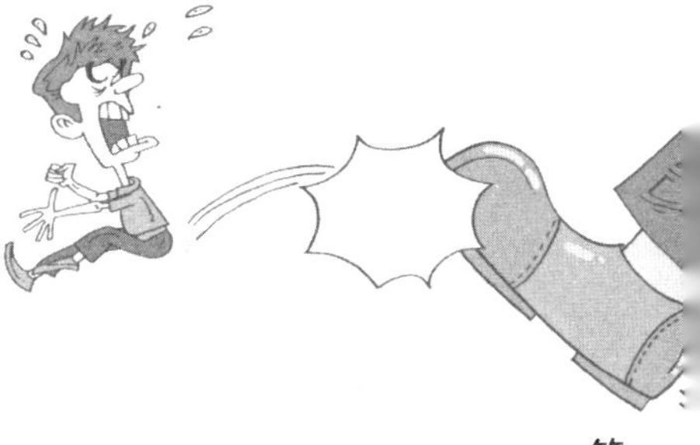

帮上司解开疙瘩

如果在办公室里能做一个让上司在遇到难题时第一个想起的人，那你的前途就有了很好的基点。前面已经说过，上司既不是天才和神仙，又不是能掐会算、料事如神的老道，工作上遇到难题束手无策甚至犯错也在所难免，在有些方面不如下属的事情也司空见惯。上司在某些方面可能不如你，甚至还低了一大截，这些都是非常正常的现象。遇到此类情景，如果你有唏嘘之感，实属正常，唏嘘之余，还应该正视他就是你的上司这一基本事实，然后就要用更为客观的眼光看待这个问题，用平和的心态冷静地解决。

但你心里一定要明白，他之所以能做你的上司，必定有超过你的地方，尽管你在某一方面和某几方面比上司强些。但上司的优点也肯定是你所不具有的，比如阅历、经验、资源、某些特殊的技能与整个组织的感情资本。

成为上司，绝不是简单的只需业务能力强就可以的，如果简单到如此程度，世界就退回到简单的毫无生机的机械运动状态了。

上司力量的源泉来自下属的支持。如果上司遇到难题，一时有解不开的疙瘩，你千万不要袖手旁观，不管不问，或等着上司出丑看笑话。你应该尽力帮助他，出出主意，想想办法，这是做下属最起码的职业准则。从另一个侧面也能让你的上司感觉到他的这朵花虽好，也得靠你这个下属作为绿叶来扶持。支持帮助上司，更多的是从你自身的角度来考虑，你能帮

助他说明了你存在的价值；反之，如果你在他心中没有存在的价值，如果哪一天裁减人员，你也许就是被减掉的第一个倒霉蛋。

每当受差遣时，你要尽量多走一步，设身处地体会上司的需要与心意。一个公司的发展需要群策群力，需要大家共同的智慧和力量。上司是代表大家实现组织目标的，你将自己的智慧贡献给上司，就是贡献给自己所在的部门，最终受益的肯定也有你自己，不然，如果上司都很难开展工作，或者你的上司根本就不要你的任何帮助和支持，那么你所在的组织单元估计在市场上也很难立足。倾巢之下岂有完卵？在适当的时候，不妨给上司适当出出主意，困难和问题能够得到解决，受益的人不只是你的上司。

发给上司的纠错单

某公司召开年终总结大会，主任讲话时出了个错，他说：“今年本公司的合作单位进一步扩充，到现在已发展到46个。”话音未落，一个愣头青式的下属站起来，冲着台上讲得眉飞色舞的主任高声纠正道：“讲错了！讲错了！那是年初的数字，现在已达到63个。”结果全场哗然，主任虽然具备着职场老将的基本功，没有跌下台来，但他那张老脸还是色彩交替，晴转多云。

上司犯错，也是天经地义的事情，正如同上司也会遇到困难一样。上司考虑问题欠周详，或对某一领域并不太懂，而要你按照他的意思去做；他自己说过的话产生了不良后果，自己却不承认；你经过他的同意填写的数字，事后他却说他没说过让你这样填写；甚至他自己写的数字，却又推到你身上，说是你写的……这时候，就需要巧妙地应对了。

如果上司三番五次犯同样错误的话，那你也不要反唇相讥、直指其非。这是因为，他实际上早已知道是自己的不对了，只是碍于面子，而不愿面对现实承认错误罢了。如果下属不了解这一点，而直接点破“机关”，无疑是拿自己的前途开玩笑。

批评上司时不能直接批评，而是有策略地提示。一家杂志社的编辑小林放下电话，头都快炸了。明明是主编拍板在出版流程中定下的文章，如今杂志即将印刷，他却出尔反尔。最让小林受不了的是，主编竟然质问：

“这样的文章怎么能刊登呢？”小林心里一肚子的火，要是耽误了出版周期，岂不又要在自己头上记上一笔？她气冲冲地跑进主编办公室，将审过的稿子摊在主编面前：“这稿子不是您审过的吗？怎么说撤就撤！耽误了出版算谁的？”

主编惊讶地望着小林，脸上的笑容一下子僵硬，继而变得阴沉。“难道你没有责任吗？这篇文章有严重的逻辑错误，你作为编辑部主任没看出来吗？不用说了，这事我来处理吧。”主编的脸依然拉得长长的。

事后，小林觉得一向和蔼的主编对她似乎冷淡了许多，最为明显的是，本来定好了由小林到上海出差的任务，主编也找各种理由派给了另外一个编辑。这让小林后悔得肠子都青了，要与主编缓和关系够她受的了。

每一个上司都不希望看到职员怠工或正面顶撞而不给其台阶下。虽然我们的上司都在强调自己做事是公平、公正、无私的，但无论是谁总难做到绝对的公平而不受情绪的影响。正确有效地对待上司的错误，是判断一个下属为人处世是否成熟的标准。给上司一个台阶下，同时也是在给自己一个台阶下。

乌鸦落在猪身上，只看到别人身上黑，却看不到自己也是一样的黑。通常每个人都容易看到别人的缺点，而看不见自己的错误和过失，结果就会造成互相埋怨、倾轧。遇到上司发生错误的情况，你应该给予谅解，站在上司的立场上，最终是为了维护上司的权威，出发点是善意的。

这种策略是一种温和的方式，能够充分照顾上司的自尊，易于被上司接受。并要尊重你的上司，宽容地对待他的失误。遇到这种情况，要主动和上司沟通。采取的沟通方式要看你的上司的领导风格。如果你的上司很开明，很乐于听取逆耳的忠言，你就可以主动面对面沟通，但是要讲究讲话的艺术；如果你的上司不喜欢别人当面提出来或不善言谈，那还是发邮件或其他方式吧。但无论采取什么方式，一定要记得：任何人都讲究尊严，任何人都希望得到尊重，所以你要在他意识到自己的错误之前就充分地、毫无怀疑地执行他的命令，直到他意识过来，找到你要求改正。千万不能消极怠工，等着上司采纳你的意见或建议后才开展工作。

在同领导沟通之前一定要记住，你要有充分的理由和论据，证明领导的做事方法或思路或观点或其他方面是不可取的。如果没有合理的依据的话，就不要去碰钉子，那是找茬子。你只要严格执行上司的要求就可以了。

一般而言，不认可的情况比较多。毕竟提意见的对象是你的上司，是否接受你的意见他当然需要慎重考虑。

注意说话的态度和敬语的运用，恰到好处地表达出你的意思，由于你的坦率和诚意，即使对方不完全赞同你的观点，也不会影响到他对你个人的看法。“企望往高处爬的人，应该踩着谦虚的梯子。”这是莎士比亚的名言。想要自己提出的意见得到上司的尊重和认可，最好把这句话牢记心头。

向上司求利

向上司求利，是一件极其敏感的事情。其难度之高不亚于刚过门的儿媳妇向婆婆讨要压箱底的祖传戒指。国人向来有羞于言利的传统，尤其是跟自己的上司要求利益，那很容易被认为是跟上司找麻烦。

多数人会认为，只要自己兢兢业业对待工作，有了成效，上司一定会给自己合适的回报的。这并不是不可能的事情，对于那些赏罚分明的上司而言，这是很正常的事情，若是碰到那些人品不怎么好的上司，老黄牛可能就连青草也吃不饱了。

其实，干好本职工作是分内的事，要求自己得到应得的也是合情合理的，付出越多，成绩越大，应该得到的就越多。在利益面前不要一味地逆来顺受、过分谦让，应该大胆地向上司要求自己应该得到的。之所以强调在与上司相处的过程中要学会争利这个问题，就是因为有许多人不会争利而常常吃亏吃得只会在背地里愤恨和流泪。

只要是不会争利，大致都会有这两种表现：一种是畏惧上司，不敢争利，甚至连自己应该得到的也不敢开口向上司要求，既怕同事有看法，也怕给上司造成坏印象，大有“君子不言利”的味道；一种是过分争利，还不分大小，凡利必争，结果整天跟在上司屁股后喋喋不休地讲价钱、要好处，直把上司追得变成露刺黄蜂。

俗话说得好，老实人吃哑巴亏，会哭的孩子有奶吃。向上司要求利益学问很大，关键是要把握好火候和技巧，什么时候“哭”，“哭”声要多

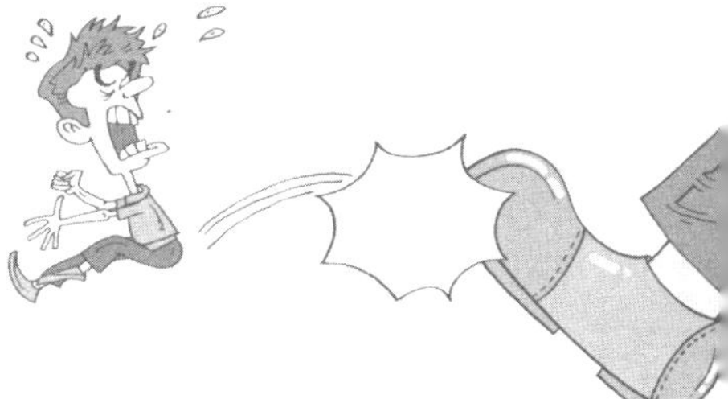

大，都有学问在里面。一般来说，在接受任务时谈好报酬更易让上司接受。上司在交办重要任务时常常利用承诺作为一种激励手段，对下属而言既是压力又是动力，对上司而言心理上也感到踏实、稳定，他坚信“重赏之下必有勇夫”。

如果上司在交代任务时忘记了承诺，或不好做出承诺，你要提前要求你应该得到的，这不是什么趁火打劫，上司也较容易接受。事实上，从领导艺术上讲，善于驾驭下属的上司也善于把手中的利益作为笼络人心、激发下属的一种手段。可见，下属要求利益与上司把握利益是一种积极有效的处理上下关系的互动手段。

有些人向上司提要求不会把握分寸，必然引起上司的反感。争利要把握好尺度，既不争小利，不计较小得失，又不过分争利，不滥要不属于自己的利益。需做到以下几点：

1. 不争小利。不为蝇头小利伤心动气，略显宽广胸怀、大将风度，在上司心目中形成“甘于吃亏”、“会吃亏”的好印象，在小得上坚持忍让为先。

2. 等价交换。最简单的例子，如你拉到 10 万元赞助费或为单位创利 100 万元，你要按事先谈好的“提成”比例索取报酬，不能扩大要求，也不要让上司削减对你的奖励。

3. 允许折扣。“漫天要价，就地还钱”也是对付一些喜欢打折扣的上司的方法。有时你把困难说小了，上司可能给你记功就小，给你的好处也少。夸大困难和要求实在是一种必要的处事策略，关键问题是要把握住关键时机和重要地方。

上司亲朋系统的维护

痒要自己抓，好要别人夸。与上司关系十分密切的人，如其亲属、朋友、心腹等，都会对上司的决策、用人及既定看法产生影响，下属不能忽视上司的亲属与朋友在决定上司观点方面的重要作用，取得他们的好感是下属获取上司信任的一个重要影响因素。

你应尽可能地记住上司的亲友的名字，在见面时主动打招呼，面带微笑，特别要对长辈表示应有的尊敬，显示你的热情和真诚，努力地给他们留下一个美好的印象。下属掌握着上司的工作日程，又常常是外界与上司联系的中介点，其位置实在是重要。对于上司的较为亲密的亲属和朋友的沟通要求，下属应根据其来访目的尽量地提供方便。对于那些对上司来说可能是十分重要的事宜，下属应及时通报上司，征求上司的意见，并及时反馈给来访的人。这样，虽然下属不能解决实际问题，但却为解决问题创造了更多的机会，因而必然会赢得来访者的好感，以后就不会在上司面前对你有所非议。如果一个人被上司所亲近的人所诽谤，有时甚至只是某种不具恶意的猜疑，即使你特别地受到上司信任，也会受此影响，使他对你的信任产生一道小小的裂痕。长此以往，势必会影响你与上司的关系。

一般说来，上司的亲属和朋友，在感情的深厚程度方面要明显高于他人，这其中也包括下属在内。所以，这些人的看法对上司是很有影响力的。有的下属不注意加强这方面的沟通，得罪了上司的夫人或者给他的挚友留

下不好的印象，这些亲友在上司面前随意而短短的一句话："我觉得你的那个下属有点儿……"就会断送你在上司面前的好印象。

虽说一般上司看人，并不拘泥于自己的一隅之见和主观印象，他会更多地了解其他人的看法，力求对你作一个客观的、全面的、多角度、深层次的考察。然而，谁的评价比较可信，恐怕就要数亲朋至友了。在上司的眼里，这些人的话未必正确，但却是从切实维护自己的利益的角度出发的，即使是有所偏激，肯定也不乏真知灼见。

因此，下属在平时就应注意，加强与上司的亲属和朋友的沟通与联系，一方面可以为上司做好工作创造条件，另一方面是能借他们的口来巩固和提高自己在上司面前的形象和地位。

上司也有自己的家庭、自己的人际关系网，并需要为维持这些关系的和睦付出一定的时间和精力。下属从爱护上司的角度出发，就应尽可能地为上司解除后顾之忧，使上司能有更多的精力和更好的心情去关注工作中的大事。特别是有些事情比较麻烦琐碎，下属就应主动出来予以解决，不必惊动上司。还有些事情，上司是不宜直接出面的，下属就更应把这些责任承担过来，解决问题。

这样，下属之所为，既维护了上司，取得他的信任，又解决了其亲属和朋友的实际问题，使他们心存感激，实在是一箭双雕之举。

当然，为上司的亲属和朋友解决问题也要讲原则，不能陷入以权谋私、违法乱纪的泥潭，否则就会起到相反的效果。处理好与上司亲朋的关系，还要保持一定的距离感，千万不要介入上司的家庭矛盾或朋友的纠纷之中去，否则必惹火烧身。另外，这种友谊要以不会危及上司与之的友谊为度。做好这些也不是一件简单的事，这也需要你多动动脑子了。

第5章

征服上司：做一面被赏识的金牌

以忠诚为竞争力

在职场，判断一个人能不能被重用，除了有专才，德行一般也被上司放在前位。正所谓“德才兼备，以德为先”，没有一个上司希望自己的下属是一群勤劳能干的白眼狼。这里所说的德，说白了，就是忠诚。其实说起忠诚也是很简单的，说粗俗点就是狗道精神——忠于主人，始终保持对自己上司的支持。话虽不雅，却很形象。

忠诚是一个优秀员工必备的职业精神，是上司对员工的第一要求。只要上司没有两面三刀的虚诈和老实痴呆的弱智特征，你就要在行动上体现出对上司的忠诚。从某种意义上讲，对上司忠诚，就是忠诚于他的事业，从行动和思想上与上司保持高度的一致。具体来说，就是要主动工作、极具责任心、细致周到地体察上司的意图。当你做到以上这些，还得记住这些不是你作为寻求回报的筹码。对于上司来说，下属的忠诚可以增强他的成就感和自信心，集体竞争力也能有所增强，从而促进事业的发展。一个忠诚、拥戴上司的人，并且从行动上取信于上司的人，上司才能对他青睐有加。

A 公司对 B 公司业务的红火感到忧心，但想不出制服对手的良策。后来，A 公司想方设法寻找关系，接近 B 公司的一名仓库主管，让其暗中出卖商业机密。这个主管在利益的驱使下利令智昏，把自己公司的库存数量、货品结构、价格策略一一泄露。几经交手，商界风向大变，原先生意

红火的公司节节败退，最后元气大伤而倒闭。另一家快要倒闭的公司却起死回生，反败为胜。覆巢之下安有完卵？这名主管最后也落得身败名裂的下场。这种隐性的不忠诚，可以说是办公室的定时炸弹。不忠的人留在上司身边，上司的感觉就像养虎一样，时刻会危害自己。所以，你不要试图搞小动作，你的上司也绝非等闲之辈，你智商再高，手段再高明，在他的经验阅历面前你充其量也只算是小儿科。

忠诚，是通过一些细节来体现的。大致来说，你要做好自己的本职工作，同时兼顾被遗漏的工作或别人不愿意干的工作，在上司身边时更要做好小事。一个忠诚的人十分难得，一个既忠诚又有能力的人更是难求。毕竟，一个事业中，需要决策的大事很少，需要具体操作的事情很多。少数人需要智慧加勤奋，而多数人却要靠忠诚和勤奋。

忠诚是一个优秀员工的优势和财富，它能换取上司的信任与坦诚。而表现你的忠诚的最好办法莫过于敢于在上司处境尴尬之时挺身而出，不惜牺牲自己的某些个人利益。有些时候，由于上司处置不当或者认识不够，会引起一定的不良后果，受到各方责难。这时，要让上司勇于自我批评是有一定困难的，因为这无疑会降低自己的权威性。如果你想让上司感受到你的忠诚，就不妨在此时把责任承担下来，替上司代过。

一方面，上司会因为你的舍生取义之举而心存感激；另一方面，他也

会利用自己的有利地位来保护你，为你开脱。这样，你便可用短期的损失来获得上司长久的信任。

当然，忠诚也是需要理性的，否则就有可能成为“愚忠”。当你准备为上司承担某种过失的时候，你应考虑到这种损失会不会引发自己事业上的永久损失，如成为一个污点；其次你应考虑到这种损失是否是你能够承担的。如果这两个问题你不能很好地回答，便不宜去冒险，否则便成了别人的“牺牲品”和“替罪羊”。要知道，上司也总是从自己利益最大化的角度来处理和对待各种问题的，如果你不能做到“舍小取大”，你的忠诚便是盲目的，是“愚忠”。

当公司经营产生困境或内部高层倾轧、争权之际，你能坚守岗位全力为上司分劳解忧，丝毫无临危逃跑或落井下石的行为，那么在公司恢复正常营运时，必会感激于你的行为并给予回报。即使上司将来另立门户亦会视你为左右手而提拔你。

有了忠诚的美德，实际上也是为自己日后的发展提供了巨大的空间；反之，一个人如果连基本的忠诚观念都没有，不仅很难获得成功，还会失去做人的基本原则。

主动报告工作进度

对于谨慎的菜鸟来说，工作就是按照上司的计划、分工，按部就班地完成后就万事大吉了，将向上司汇报工作进度看作是一件微不足道的事情，甚至非常清高地认为，那些经常跟上司汇报工作进度的人，都是一些溜须拍马、阿谀奉承之徒。

职场的深度远非一般人能看得清楚的。你不仅仅是埋头劳作的老黄牛，有时候也需要抬头看看，主动地向上级汇报一下自己的工作情况，让上司知道你都做了些什么。这不是邀功请赏也不只是对上司的一种尊重，它是成为一名优秀员工所应具备的素养。视工作如挤牙膏，没有上司的命令就没有反应，有了命令就反应一下，这样的人是很难在职场中脱颖而出的。

对于那些经常向上司报告工作进度的人而言，上司自然会看到他们的成果，自然会作出公正的判断。不妨问问自己，作为一个下属，你有多少次主动报告你的工作进度？按照工作计划整体的部署，进度是很关键的一部分，它的如期完成对公司对客户都是至关重要的。进度也可以细分，达到某一工作方法，完成某一项目，学会某种技能都是属于进度的一部分。

阿和在获得企业管理硕士学位后，就在一家国际性的化学公司工作。刚开始时，他对给他的职位相当满意。因为这一职位不但薪水可观，而且晋升的机会也很大。然而，阿和在这家公司工作了15个月后，开始意识到自己的弱点了，而这个弱点成为他事业发展道路上的主要障碍。阿和在开

展工作计划的头几个星期，他的上司注意到阿和的工作进度比其他人要慢得多。“抓紧点，阿和，动作快一些！”他的顶头上司友好而又认真地提醒他。

但是，阿和的工作速度并没有因为上司的提醒而加快，反而更加慢了。他反感地说：“这里工作唯一重视的就是速度，每个人都希望你能提前完成任务。”由于阿和的工作速度慢，使公司最高首脑管理机构太迟收到从全世界各地发来的信息报告，不能及时地采取相应的对策。在这种情况下，

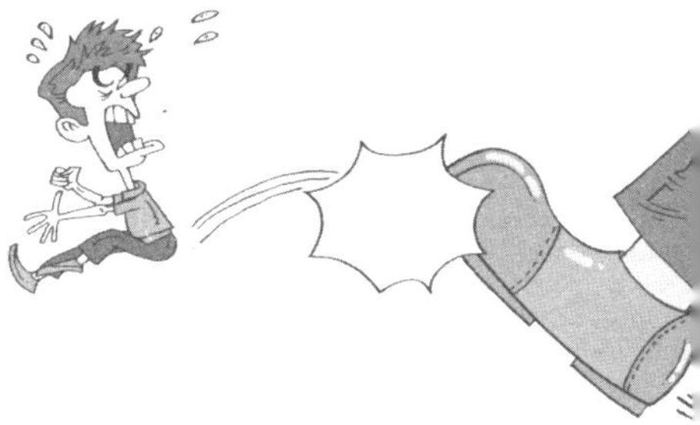

同事对阿和这种慢条斯理的工作方法都有意见。有人甚至这样嘲讽："要是有什么坏消息，并希望它像蜗牛爬行似的传出去的话，那就把它交给阿和处理吧。"

直到这时，阿和才意识到如果自己再拖延，就会影响到整个团队的业绩，于是，他立即加快了工作速度，才使公司没受到太大影响。

下属每天好像都很忙，在忙些什么呢？即使有此疑问，又不好意思经常去问，这是上司心中很不快的事情。聪明的下属如果能做到主动报告自己的工作进度，就相当于做了让上司放心的事情，上司的心情可想而知。这种做法，还可以将你的错误防患于未然。越早报告你的上司，一有错误，他可以纠正你，避免犯大错误。所以，不要给上司创造"意外"。别以为上司会喜欢"惊喜"，有时惊喜搞不好会变成惊吓。

"下属对我们的报告永远少于我们的期望"，这是多数上司的体会。得到下属更多的报告是上司们共同的心愿，所以你不要做个沉默的老黄牛，要做个招人喜欢、也学会满足上司心愿的人。除了能及时发现一些错误，借助上司的力量解决之外，当你完成了一件棘手的工作时，同样是一次展示自己冰雪聪明的机会，这样的人不愁没上司喜欢。

关键地方多请示

流行词汇之所以能流行，都是有合理性的，比如“早请示，晚汇报”。作为新人类，千万不要用调侃的语气说这句话，它是当前职场的至理名言。有些事情必然是要向上司请示的，聪明的下属善于在关键处多向上司请示，征求他的意见和看法，然后把上司的意志融入正在专注的工作过程中，也使自己长期处于一片阳光地带。

关键处多请示是下属主动争取上司认可的好办法，也是下属做好工作的重要保证。但是在请示之前，你一般都有自己的一些想法，并希望得到上司明确的批示。

当然，如果你将一些鸡毛蒜皮的小事都去跟把握工作大局的上司汇报，那就有点汇报过头了。这种做法只能无端增加上司的工作负担，最后不仅不能得到上司的赏识，反倒会看到上司吹胡子瞪眼的无奈和愤怒。

办公室新人阿信认为，主任就是绝对权威，自己要干什么事情一定要经过主任批示。一次，其他部门来借一份文件，他立刻跑到主任那里请示能不能把文件外借，主任正忙于处理一件很棘手的事情，很不耐烦地回道：“什么事都来问我，没看见我正在忙吗？要你干什么事的？”阿信讨了个没趣，像一条被竹竿打过的蛇一样退了出去。

对于多数上司来说，解决下属主动汇报的问题和麻烦是一件很正常的事情。但是，他们在对待这些问题上，往往是喜欢做“选择题”而不是

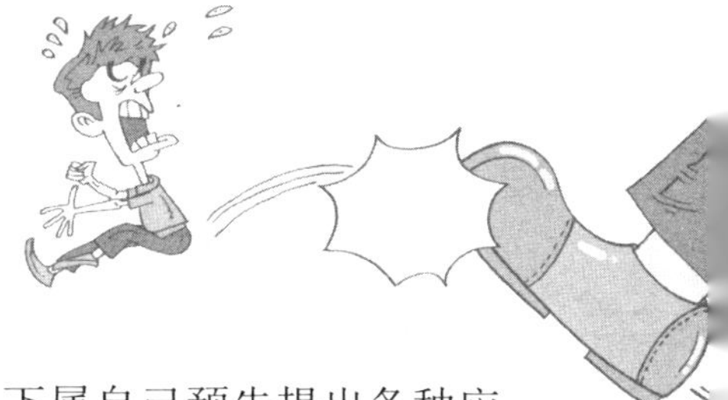

“问答题”。所谓选择题，就是面对问题或状况，下属自己预先提出各种应对或解决方案，像“选择题”那样列出解决选项供上司判断和选择，而上司也只需在某个解决选项上画钩即可。相比之下，那些抛“问答题”的下属则完全不用自己动脑，把球踢给上司。

例如：“王总，最近感觉员工的士气不高，该怎么办呀？”这道是问答题。现在我们尝试用“选择题”的方式，看看情形会有什么不同：“王总，最近员工的士气不高，业绩也受到了影响。这两天，我跟大家沟通了一下，感觉主要是临近春节，很多客户都忙着业务拜年和要账，没有精力跟我们谈广告业务，而我们的业务员也都想着买票回家过年，所以整个团队士气不高。我感觉春节前这段时间还是很宝贵的，我们必须提高团队的士气，我有两个方案，您看怎样？一是：我们在团队内部做个竞赛，业绩排名前5的，公司帮助解决回家的火车票；二是：搞个激励活动，对表现良好的，公司准备一个春节大礼包。您看这两个方案，花费都不会超过5000元预算，而增加的收入可能是50万，您看选择哪个比较好？”

面对选择题，上司们所要做的，也只是根据自己的经验、知识，以及眼光和智慧，对列选的解决方案进行分析，并作出方向性的判断即可。能够向上司提出“选择题”的下属，是为上司分忧的下属，因为他们意识到自己有职责和义务，把问题解决在自己能力所及的范围之内。

主动、创造性地开展工作是一个优秀员工必备的品质，有针对性的请示，提出自己的判断，也是一个员工被上司赏识，成为优秀员工的重要途径。

把结果留给上司

“不要跟我讲这些理由，我只要结果，告诉我结果就行了。”当你安排了紧密的工作时间表，有一些突发事件影响了原定的进程，你不能按期完成任务，上司对你抛出这句话的时候，是很噎人的。遇到这样的人，你可能会抱怨：“哇噻！我都这样卖命了，你还这样说，这人咋这样呢！体谅些下属好不好？”

如果是这样，你遇到的就是结果型的上司。此类上司往往都是力量型的，大多还是急性子，有点毛驴性格，在工作中对待下属不会有太多的“花招”，他所欣赏的是直奔主题、直击“要害”。太多的铺垫会让他觉得繁琐，快、精、准地切入主题反而会得到他的认同。他最关注的就是事物的重点和结果，他会千方百计想让下属明白：做结果，而不是做任务；完成任务并不等于结果，结果最重要。

“带上除你之外的三个人，运两筐石料上山，经费 100 元，只允许在现场找人。”这是哈佛 MBA 上的一个经典课题。

第一个组织活动的人，方法正规，用钱招聘人搬运，共用了 6 小时：其中，招聘工人 3 小时、爬山 2 小时、中途休息 1 小时。

第二个组织活动的人，直接给附近劳务公司打电话，请来 3 个身强力壮的人搬运石料，只用了 3 小时就爬上了山。

第三个组织活动的人，找到该山的负责人，在确认有缆车的情况下，

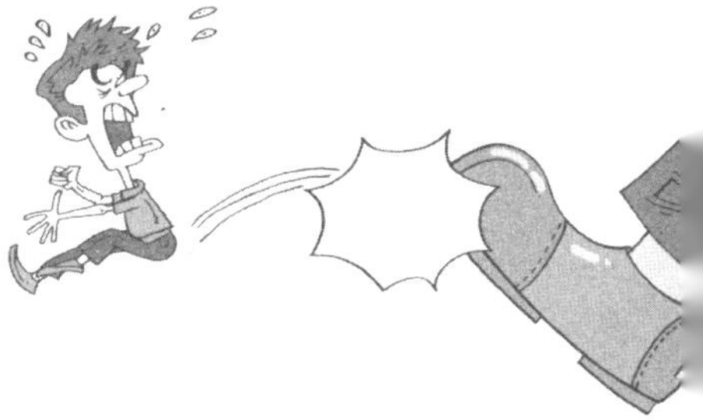

找了 3 个旅游者帮忙看管一下石料，然后坐上缆车直接到山顶，仅仅用了 1 小时。

课题的最后获胜者是那个坐缆车的人。虽然，另两人都表示不满，觉得他违反了规则，认为这个课题是训练你的组织能力，而不是投机取巧，然而，教授们最后把胜利判给了坐缆车的人。教授们最后是这样说的：原因很简单，在任何公司里，你的上司只看重你的绩效、你的结果。

你之所以能成为上司的下属，残酷一点说，是因为对这个上司来说，你有利用的价值。他需要你帮助他完成这个工作的一个环节，而非做慈善事业，解决就业难的问题。这话说起来很难听，但正视现实，是你不得不做的事情。认清这一现实之后，你要做的就是把一个结果给他，他给你发工资就是要你那个结果。如果你想拿到更高的工资，你就要更主动、更用心地去把工作做好，将更好的结果交给他，这才是正道。

奇特的细节

俗话说："细微之处见端倪。"说的就是很多事情都可以从工作细节中看出个究竟，找出个所以然。在一个细节取胜的时代，细节在一定程度上相当于一个员工的做事"名片"，是认识、了解一个人的一个重要途径。

有一个经典的面试故事，也是关于细节的。一考官事先将面试地点弄得一团糟，再将扫帚横放于大门上，然后观察应聘者对此的反应。结果几乎所有的应聘者对此熟视无睹并大方地跨过了横在门上的扫帚，只有一个人将扫帚捡起，并将地上的垃圾清扫干净。最终被录取的幸运儿当然就是这个人了，其他的人都被淘汰。道理很简单，就因为这位应聘者是个注重生活细节的人。

不善于观察细节、不能从工作细节中汲取营养总结经验的人难以获得不断进步，当然也就更不可能领略水到渠成的成功快感。注重细节是一种工作态度，看不到细节重要性或根本不把它当作一回事的人，对待工作的认真态度与热情肯定是有限的。这样的人，往往对工作都是敷衍了事的，永远不会站在一个高的角度审视事物，不会在企业与生活中找到适合的立足之地，也不可能在平凡的岗位上创造出最大的价值。

因此，优秀职员与平庸员工的最大区别就在于，前者注重生活的细节，后者往往忽略之。

可以说危机都是在不经意间积累的，每一个成功也都是由许多细节累

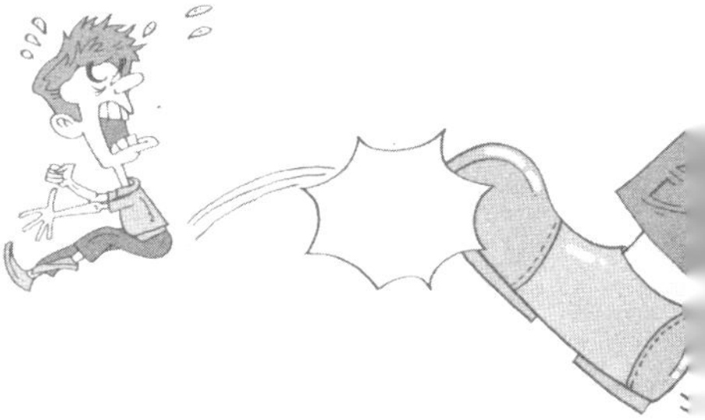

积而成的。很多时候，一个人的成败正是取决于那些被人容易忽略的细节问题上。任何公司无论分工多么细致，也总有一些不起眼的地方被大家忽视，有心的下属往往注意于细微处下功夫，把这类工作承担下来。在上司眼里，这些做法属于填补空白、弥补疏漏的行为，说明你比其他人心更细、心眼更多一点、考虑更周全些。

阿琳公司订阅了《领导参阅》杂志，大家看完后便扔进放在墙角随时准备扔掉的纸袋里，谁也没想到日后还有用。阿琳觉得这么重要的资料扔掉很可惜，就一期一期地收集大家扔掉了的《领导参阅》。年末，经理忽然想起要看这份资料，大家忙得焦头烂额慌了手脚，此时，阿琳笑眯眯地把自己苦心收集了一整年的《领导参阅》呈给经理，经理很吃惊又很欣赏地表扬了这个“别有用心”的细心人，要求大家不要光知道做面上的事，更要注意工作中易被忽视的问题。

阿宾与大余都是工作勤劳、业绩突出的优秀员工，但是半年后只有大余留下并被提升为部门主管，更得经理赏识，而阿宾则无声无息地离开了。缘由何在？经理最终透露了他半年来对两人的考察结果和决定：大余和阿宾在工作业绩方面确实平分秋色，而且人缘也不相伯仲，要在其中选拔一人实在很为难，但是到了他们的宿舍走走时，却发现凡是没人的时候，阿宾房间里的灯总是亮着的，电脑也经常是随便地开着的，毫无保密意识；

但大余的房间却是熄了灯、锁上门并关闭好电脑的……所以，经过详细地考虑，便留下大余，淘汰了阿宾。

我们都会说“要把工作做好”，可是工作具体怎么做好呢？怎样才有一个好的结果交给上司呢？20世纪四位最伟大的世界建筑师之一的密斯•凡•德罗在被要求用一句话来描述他成功的原因时，他只说了五个字：“魔鬼在细节。”他反复强调的是，不管你的建筑设计方案如何恢宏大气，如果对细节的把握不到位，就不能称之为一件好作品。细节的准确、生动可以成就一件伟大的作品，而细节的疏忽则会毁坏一个宏伟的规划。把每一个细节都做好，不放过每一个细节，才是你成功晋级的关键。

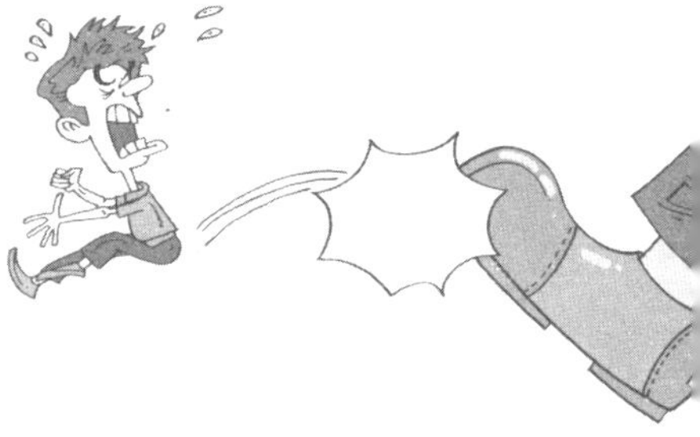

不重复犯二次错

从开始具备理解语言的能力的时候，我们受到最多的教育就是，“要听话，不要犯错”，通常来说，犯错的孩子是没糖吃的。等我们长大了，犯错的孩子可能不仅仅是没糖吃，还会饭都没得吃。

小革近日在遭其单位领导一顿猛剋后，打电话向一个朋友倒苦水。他说前年与他同时期进入公司的一个家伙，能力明显不如他，为此部门上司就以“能者多劳”为由，让他承担了更多和更难的工作。问题是，在工作这件事上，绝对是遵循“多做多错、少做少错、不做不错”的辩证法则，他手上活儿越多越难，犯错误的机会就越大，为此他总是一次又一次地被叫到经理办公室，然后黑着脸出来。仅在本月，小革就因在一项任务的细节问题上出现纰漏，被罚没一大笔钱，而且第一次领到了一张黄牌——警告处分。

人非圣贤，孰能无过？小革碰到的情况是比较典型的，虽说犯错不是一件不可以饶恕的事情，但是你要是两次都跳进同一条河流，那就别怪你的上司赏你罚酒了。

一家电器公司的老板准备物色一位职员去完成一项重要的工作，在对众多的应聘者进行筛选时，他只问了一个问题：“在你以往的工作中，你犯过多少次错误？”他最终把工作交给了一个犯过多次错误的员工。开始工作前，他交给该员工一本《错误备忘录》，嘱咐道：“你犯过的错误都属于

你的工作成绩，但是你要记住，同样的错误属于你的只有一次。”这说明，上司会给员工犯错的机会，但不希望下属犯同样的错误。

一个人犯第一次错误叫“不知道”，第二次叫“不小心”，第三次叫“故意”。不要以不小心作为犯错误的借口，更不能故意去犯错误。如果你对你的上司说：“老总，您放心，这是我第一次犯这个错误，也是最后一次。”这代表了你的勇气和素质，相应的，你也要为这种勇气培养底气，也就是要具备相应的能力，以此为动力，去修正自己的错误，不断反省，不断提升自己。当然，如果你屡次背离公司的价值观，总是不长记性地掉进同一个洞里，哪怕你再有重新面对未来的勇气，上司也没有继续留你的雅量了。

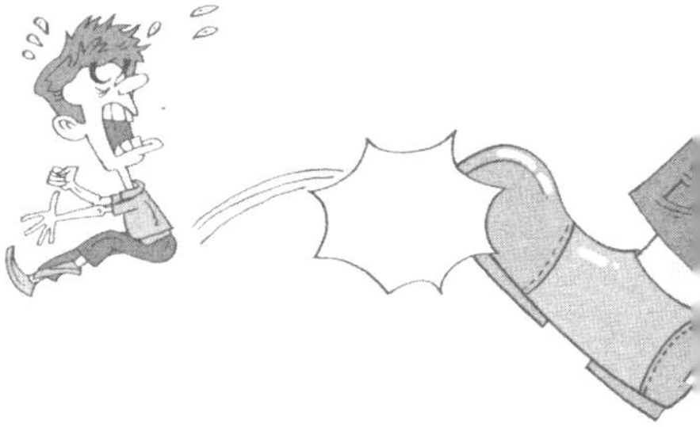

赢得上司第一时间的注意

“是金子总会闪光”，对于怀才不遇的人而言，这是最好的励志之言。但是，如果是身处在一个表情相似、能力相当的“精英群体”中，大家都在拼命地闪光，你的光彩如何更胜一筹，这就需要你能在第一时间，将上司的注意力吸引到自己身上来。这，不是一件简单的事情。

很多人做了很多却无机会升迁，涨薪也免谈；而有人虽然做的不是很多，但是每做一件事都搞得有声有色，引来上司的赞赏和同事的羡慕，加薪等好事自然是尾随而至。造成如此迥然不同境遇的关键是，前一类人的成绩没有被上司看在眼里、记在心里。

正所谓力要用在刀刃上，要想让上司注意到你的绩效，首先就要明白上司对你工作的要求。道理人人都懂，真降临到自己身上是否能清醒对待呢？其实，要想在职场中脱颖而出还是有规律可循的。

让高层上司赏识自己。一线员工接触高层上司的机会是微乎其微的，能与高层上司交流，更是“守株待兔”。那你得想办法，找出一些拓宽让高层上司发现自己的渠道，专业的说法叫“挖渠引水”。这一招，实践证明挺管用。首先，在上司关注的媒体上展现你的才华就是一种不错的选择。如公司自己办的报纸、杂志、网站论坛等，如公开发行的期刊、报纸、网站甚至电视等等。如果你确实对相关方面有深刻的认识，对公司一线的实际操作有心得，就可以分类投到这些媒体上，一方面锻炼自己的思维能力，

另一方面也可以借助这个平台展示自己的才华，让上司能够有机会捕捉到你的这些信息。其次，抓住与上司交流的每一分钟。上司一般具有丰富的市场经验，能够简单地从你的谈话中发现你的闪光之处。既然你认为自己是一个优秀的员工却又没有被发现，如果能有与上司直接交流的机会，那么就好好抓住每一分钟，向孔雀学习，把最好看的部分尽情地表现出来。再次，通过创业绩“曲线救国”。业绩的重要性就不用多说了，没有上司会喜欢无业绩的下属。出业绩最简捷的方法是选择一个容易出业绩的市场，可以让你在很短的时间里就成为公司里一颗耀眼的明星。出色的市场工作不仅表现在销售量上，而且还体现在对顾客、经销商、终端、政府部门甚至竞争对手细致入微的服务和协调过程中。一线营销人员通过自己的行动在这些市场朋友中建立的良好口碑，迟早有一天会传到上司的耳朵里。通过这些人嘴里说出来的话，上司一般都是比较重视的。正所谓“桃李不言，下自成蹊”。

在会议上大胆发声，也是一种能引起上司注意的套路。在上司参加的会议上，千万不要放弃发言的机会。你在会上的发言实际上反映了你的思维能力、对工作的认识程度。通过会前充分的市场调研和资料准备，尤其是数据的整理挖掘，你就可以在会上从一线的角度从容不迫侃侃而谈了。这时，上司一面在听你的汇报，一面就在脑海里盘算你下一步的发展空间了！

很多人都会感叹，工作之后就把个性消磨了。其实不然，个性并非都是工作的对立面，将有利于工作的一面大胆发挥，也会让上司有眼前一亮的感觉——这小伙子不仅能干事，而且还蛮有个性的嘛！

工作要能独当一面

有头脑、有胆识、能独当一面、有主见的下属，在上司眼里即使算不上一枚宝贵的金蛋，那也得算是一颗含有价值的金豆，上司都很喜欢他们闪闪发光的样子，只是不要过于刺目，伤了上司的“心眼”。上司希望下属聪明能干，更希望下属能担当大任、独当一面。

对一个刚入职的菜鸟来说，环境生疏，环节生杂，人事不清，业务不精，要短时间内一个人独立完成一个项目是言过其实了。但“该出手时就出手”，是你独当一面的机会和起始。

独立的见解是一个人胆识、经验、能力和态度的综合反映，上司决策时很希望下属出谋划策，想出一些“点子”供他参考，独当一面的前提是要有独立的见解。当然，这些见解并不一定被采纳，但它至少可以启发上司的思路，帮助上司修正他的决策。只有这样，上司才能重视你。

阿康是上司很赏识的建筑工程师，26岁时被上司委以重任，去设计建造广州的一家花园工厂。阿康对此早形成了大胆且独特的方案，他建议上司把工厂设计成长865英尺，宽75英尺，四方形的4层建筑。上司基于信任毫不犹豫地同意了这个建议。阿康又建议玻璃占建筑物外观总面积的75%。这个大胆的设想对一般人而言简直不可思议，上司却深懂其中的奥妙：玻璃面积在厂房内采光效果好，对大规模作业非常有利。独立的见解需要用合适的方式表达，阿康正是掌握好交谈的节奏，通过启发诱导并给

上司以充分考虑的时间和空间，让自己的见解融入上司的意见。

下属工作有独立性才能让上司省心，上司才敢委以重任。能够替上司承担一些棘手的问题是独立性的重要表现。每个企业的工作可以看作是一个整体和系统，这个整体和系统总体上由上司来把握，其中每一部分都要有具体的人分工负责，上司一般只是在宏观上控制和把握。这种分工的特点就要求下属要有独立性，能够独当一面，替上司处理一摊子问题。

事实上，上司从解决问题的角度讲也不可能事必躬亲，他的精力不允许他每件事情都操心过多，更何况有些尴尬的事情上司不便于出面，需要有那么一些下属做“马前卒”挡驾。

独当一面也是下属“生存”和发展的必备素质。某个下属把一摊子事独立做得很好，比如在公关或理财方面干得出色，上司就会觉得在这方面离了你就不行，觉得你的存在并非可有可无，那样你的价值和地位才能得以巩固，才能在单位立足扎根，这实际上也是一种核心竞争力。

另一方面，一个人做下属可能只是一种“过渡,”在“过渡”时期积累工作经验和锻炼各种能力是很重要的，要想在未来顺利走上领导岗位，也需要有独当一面的能力。

然而，独立性方面表现相当差是很多人的缺点。这些人一味地依靠上司，离开上司一事无成。在上司面前不敢发表自己的主张，唯唯诺诺，做

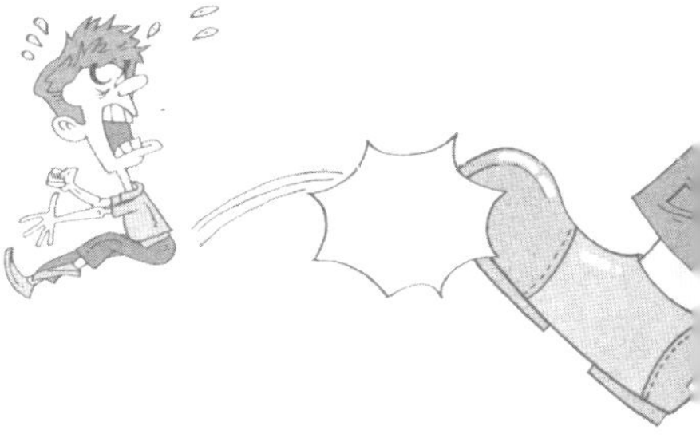

事无主见，没有独创性，唯上司的命令是从——这样的下属会让上司觉得有之不多、无之也不少，那么当公司裁人的时候，这些人都是上司首要考虑的对象。

所以，你要想在职场吃得开，得到大家的认同，就要培养自己的独立性，千万不要变成一个畏首畏尾、胆怯懦弱、冷漠无能的木头，那样的话，你在职场的河流上，只能毫无目的地漂流，命途多舛，可想而知。

自设一道沟通的桥

沟通是件技术活。中医有句行话："痛则不通，通则不痛。"对于职场新人来说也是一个道理，与上司多沟通，能免去很多的误会与麻烦。你的前途和命运有绝大部分的"股份"握在上司的手里。所以，同上司的关系、沟通是关系到升职计划能否成功的关键。但有时候沟通得不好，反而好事变成坏事，本来十拿九稳的升职到头来鸡飞蛋打，尤其是你与上司之间有了误解甚至隔阂的时候。而这时沟通的艺术性就显得非常重要。

假如你好不容易搞到一个业务，刚敲定一份合同，而上司却说："这份合同利润太低，我们不做了。"上司可能会因为前期投入较大的精力而对这种放弃的决策心存异议，甚至没有及时通知下属终止这份合同。在这种情况下，如果你不能通过沟通让上司采纳你的建议，那这份业务就只能泡汤了。

很多菜鸟会认为，与上司有效沟通是一件不可能的事，尽量少甚至与上司零沟通，成为他们经常琢磨的事情。究其原因，往往和他们的沟通技能本身有关系，较高的沟通技能会更多地得到上司的良好反馈，增强个人的自信心；而较弱的沟通技能，会给自己的工作带来不顺利，还影响了自信心。

阿媛比较欣赏自己的上司，认为他敬业、有才华、对下属负责，可是她不愿意和上司主动交流，而且她身边的同事也是这样。有一次，因为她

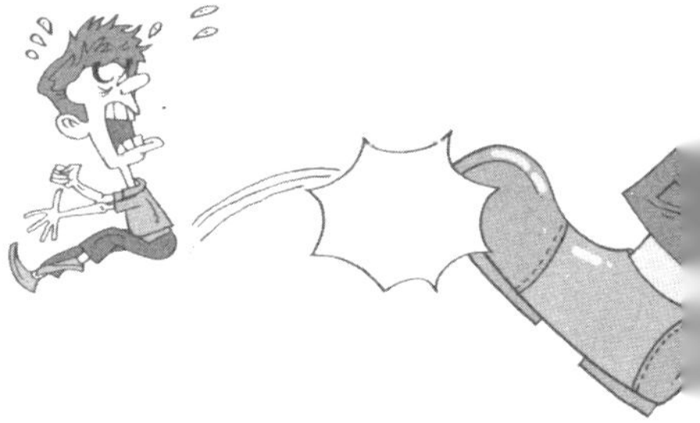

没有听清楚上司的意思，上司交给她的工作被耽搁了。上司问她为什么你不过来再问一声，她说怕上司太忙。上司很生气：“我忙我的，你怕什么？”

与上司沟通，只要考量“天时、地利、人和”，多半出师必捷。所谓天时是“时机”，别挑上司正在气头上时找他谈事情，只会白碰一鼻子灰。地利是“场合”，若是不适宜在公开场合谈论的事情，最好私底下找上司有空的时间，或利用中午邀上司到外面共进午餐时详谈。人和是“话题”，先了解上司的意图，才知道施力点何在，花最少工夫达到最大效果。

阿丽在一家销售公司做文案工作，在快到春节的时候，经理按照公司习惯，交给她一大堆名片，并亲自挑选了很多精美的明信片要她按照名片逐一地打印寄出。在接过名片时，阿丽曾提醒经理将已经变化的地址或没有往来的客户挑出来。但经理非常不耐烦，说：“名片上所有的人都要寄到!”两天后，当阿丽把已经扫印好的明信片交给他过目时，他却大声指责她将一些已经没有业务的客户错误地打印在了“最精美”的明信片上。当时阿丽觉得非常委屈，但是不知道应该说些什么。在一个办公室资格较老的员工的建议下，阿丽利用休息的时间和经理谈了自己的想法。阿丽尝试着让她的经理了解，只有拥有融洽的沟通，她才能将经理的意图与自己的创意很好地结合起来，也才会使他们双方的工作更加有成效。

当然，与上司沟通前，你也要做足功课。你要揣摩一下，你的上司到底是怎样性格的一个人。对于不同性格的上司，贵在坦诚。每个人在评价自己的时候总是会刻意或下意识地回避自己的错误和弱点，但客观和坦诚是你必须做到的。那样与上司的交流才是完整而有效的，上司也才能真正了解到你的问题和你需要的帮助，当然还有你的成绩。

还有就是，你要设计好沟通的方式。包括你准备一脸严肃，还是面带微笑；你准备长话短说，还是短话细说；准备快言快语，还是春风化雨；准备用电话，还是见面，或者是用邮件。出发点只有一个，充分说明问题，达成与上司最大的共识。

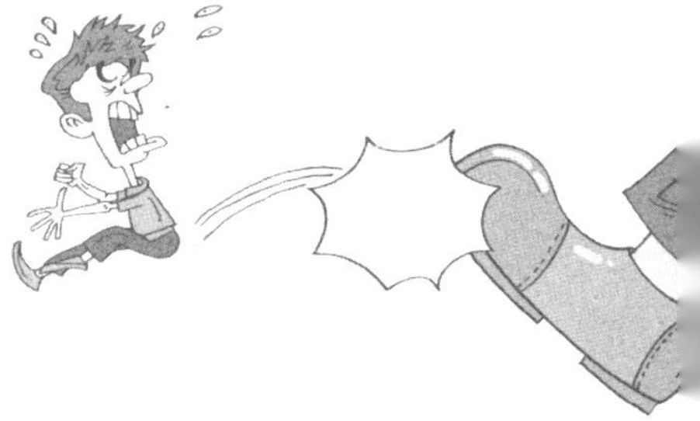

专家型员工的绝活

当上司出现棘手的问题时，他第一个想到的人选，或者是他不假思索报出的名字，没得说了，除了上司最信得过的、最忠实的员工外，那就数专家型的员工，他是“隐形”的参谋长。在一个单位里，专家型员工就是宝贵的“金不换”，每到年终的时候，他总能领到上司发的一个大大的红包，几乎每一个上司都会这么想，要是公司里的员工都这样，该多好啊！

尽管上司的身边常聚集着各种各样的人，他们有着不同的才干，抱着不同目的，可以帮助上司达到不同的目标。但是上司要是想完成自己的基本职责和任务，是离不开专家型人才的。在平时工作中，每一个难题背后，都隐藏一次头脑风暴——一个新的金点子。

上司非常需要这些能出谋划策、解决难题的专家型人才：他要么极具创意，有能力以不同的观点和角度看问题；要么有能力引导讨论并协调“头脑风暴”会议的召开；要么有必要的联系渠道及能力，向公司管理层提出建设性建议；要么具有合作的思维及相关的能力。他有能力与其他领域、部门、事业部和办事处的人员进行定期沟通，并具备综合意见、解决分歧，以及促使团队达成共识的才能，勇于承认失败，总结经验教训，在团队协作时能抛开个人观念。

一旦上司知道了谁是专家，他就需要创造途径来帮助这些专家在适当的时间、适当的地点与他人分享知识与经验。

在职场竞争中，要提高自己的附加值，就要发挥自己在这方面的特长，努力做个专家型人才，来赢得上司的重视。需要注意的是，当专家切记不是做“砖家”。比方说，有的人确实精通业务，但是又很“傲”，也被通俗地称为“清高”。有些专家型人才“傲”，是因为觉得自己比别人强，自己的专业别人理解不了，也干不了，所以就认为自己应该高人一头。

还有些专家型人才，太“专家”了，他们钻研于业务，以至于不通世事，看不惯别人不懂装懂，更看不惯有些上司盲目干涉瞎指挥，又不注意方法，直来直去地直陈其弊，所以落得一个清高犯上的名声。这样的话，就会不知不觉成为公司的“砖家”，要是这样，倒还不如做一个普通的优秀员工得了。

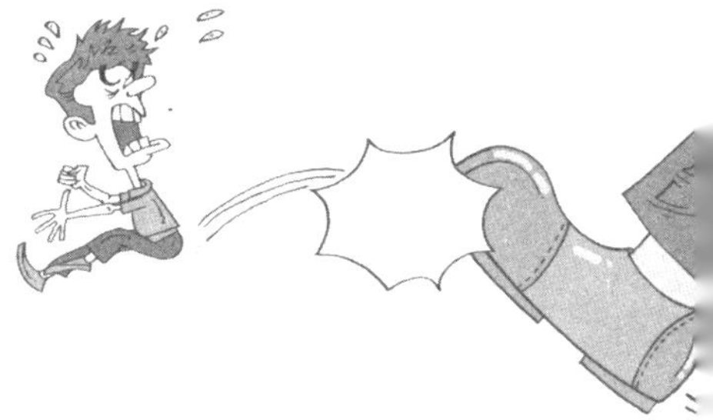

传递感恩信息

当你坐在安静的办公室，当你看到工资卡上每个月都有“稳定”的进账，当你的房租能按时交纳，你是否会想到，当年你四处疯狂发简历，无人理会之际是谁决定你开始新的职场生活？那就是你的上司。尽管我们可以说，他是看中了你的“可利用价值”，但你身处在一个大学生可去卖猪肉、摆地摊的时代，除了你，他还有更多的路人甲、路人乙可以选择。

所以，不妨多怀着一些感恩的心，试着写一张字条给上司，告诉他你是多么喜欢自己的公司，多么感谢工作中获得的机会。这种深具创意的感谢方式，一定会让他注意到你，甚至可能提拔你。感恩是会传染的，上司也以同样的方式来表达他的谢意，感谢你所提供的服务。以下是一封发给上司的感恩信。

时光如梭，转眼间，又在您身边度过了充实愉快而又温暖的一年。

历历往事，今犹在目。拙于言词的我实在无法将我内心的感动诉之于您，在此，请您原谅我的愚钝。

您的支持和帮助让我距离我的梦想越来越近，我没有想到，它的实现是那么一个美好、轻松、愉快的过程；您让我最大限度地做着我自己喜欢做的事，继续着我蕴蓄已久的梦想；您让我在实现人生目标和人生价值的过程中，幸运地远离了尔虞我诈与勾心斗角，远离了背叛伤害与蝇营狗苟；您的出现，让我的人生步入了一个付出、感动、回报、施予的良性轨道，

让我的理想与现实提前实现了完美的对接。您的诚恳给我以信赖，您的理解给我以动力，您的信任给我以放松，您的体恤与关怀让我感觉到生活的幸福和美好。而我，却为您做不了什么。在此，请您原谅我的不力。

我常会想：如何，才能报答您的恩情？我不是一个喜欢许诺的人，也不是一个喜欢给人梦想的人。但我记得您给我的每一次的关照与帮助，记得您给我的每一次的尊重与爱护。我不知道做什么才能报答您，我只希望，将您的善良与仁厚播种在这广袤的土地上，将您的体恤与关怀施予这贫瘠土地上憨厚淳朴的百姓！在此，请您原谅我将您优秀的品格窃为己有。

岁末已至，新年又始。我想对您说：请您珍惜您自己。茫茫人海中偶然的相遇，您却给了我一个温暖的世界，给了我重新审视世界的眼光，给了我再次扬帆起航的力量。我不会因为它的短暂而让我从此寒冷一生，我希望它们尽可能地长久再长久。在此，请您原谅我的贪婪。

再次衷心地感谢您。

小刘

没有一个上司看到来自职场新人这样的感恩信会内心不泛起温暖的涟漪的。

你或许认为，不近人情、苛刻的上司，会阻碍你获得更多的东西，这是职场新人的感受。但是，换个角度，为什么你能够原谅一个陌生人的过

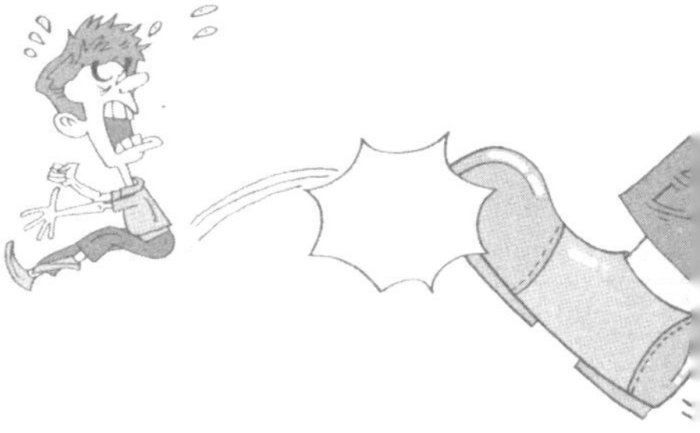

失，却对自己的上司耿耿于怀呢？为什么你可以为一个陌生人的点滴帮助而感激不尽，却无视朝夕相处的上司的种种恩惠，视之为理所当然呢？上司批评你时，应该感谢他给予的种种教诲。你要学会算账，感恩不花一分钱，却是一项重大的投资，对你的未来极有助益！

面对上司，你即使不好意思大声说出你的感谢，那也得私下里用低音来表达，让上司知道你感谢他的信任和帮助。为自己能有幸成为公司的一员而感恩，为自己能遇到这样一位好上司而感恩。

当然，真正的感恩应该是真诚的，发自内心的感激，是为了表达自己对工作的热爱，对工作的激情，以及做好工作的决心，这比语言和物质的礼物更可贵。为了感恩而感恩，那就是拍马屁了，而且是拍到马腿上，挨上一脚是最正常不过的了。

赞美上司的驱动方式

一个叫阿雯的美眉自打进了职场后，办公室里吃劲的活都是她干的，可上司却偏偏青睐另一个会说上司的好话的“能力低下”的家伙。前些天的一次会议发言之后，那帮小美女一下子围拢过来：“老大，你讲得太棒了！”“就是，真给咱们公司长脸！”“下回有机会教我们两招！”……

人到中年的上司连连摆手，嘴上说着“哪里哪里”，但一帮花枝招展的小美女用仰慕的眼光看着他，他心里还是忍不住乐开了花。

一位职场老道说过一段十分精辟的话：溢美之词有一种让人难以抗拒的魔力，有水平的“马屁”是语言中的钻石，我们要学会赞美上司。

当着上司的面直接给予夸赞，虽说是一种赞美上司的方法，却很容易招致周围同僚的高度蔑视。与其如此，倒不如在公司其他部门当上司不在场时，大力地吹嘘一番。这些赞美终有一天还是会传到上司耳中的。

对上司来说，平时自己独处一间办公室，跟下属接触的机会相对较少，再加上本身就长得一脸威严，年纪又跟大家拉开了几个档次，不苟言笑、公事公办是他的经常表情。业务出众的同时，再来一些非常到位的“马屁”，比给上司带来的那点儿小温暖更胜一筹。

对其他部门的人，不管是谁，也请不要忘记赞美他们。一件西装、一条领带，甚至看到人家心情好，都可以赞美。从“今天的气色不错”到“这个发型很适合你”，或者“你做的企划非常棒，对我很有启发”，甚至是

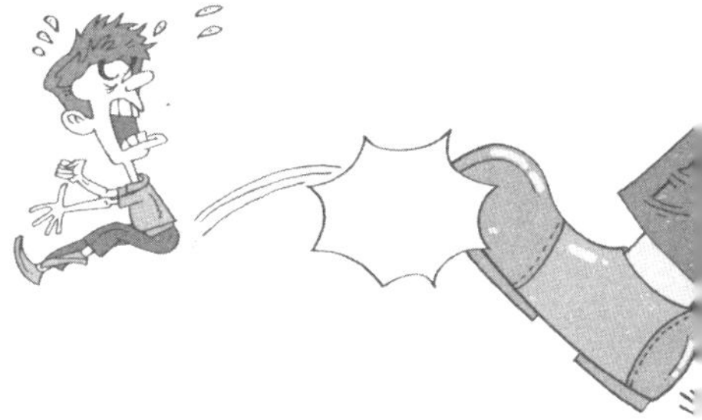

一句“相信你一定能做到”的鼓励，都会让对方感觉到被关注，无形中拉近你们之间的距离。

不过，这些赞美应该在私底下用亲切而稳重的语言表达。如果你是在大庭广众面前大声叫喊，那可能会得到相当恶劣的反效果。自己的下属在其他部门是否受欢迎，这也是上司很在意的事情。自己的下属很得人缘，上司也会觉得自己很有光彩。如果上司还知道，那位下属在其他部门中不遗余力地称赞他，不用说，上司对这种下属的好感度是直线上升的。

善尽枪手的职分

任何人都有他追求的目标。如果上司不是垂垂老矣，也会想更上一层楼。那么，上司的前进，就必须得到舆论的支持，形成一套有别于他人的思路和方式。这些思路和方式是上司思想的精华和核心，也是上司最为看重的。但上司如果不擅长舞文弄墨，拙于言辞或不善于使之完善，那么这个任务便落到了身为下属的助手身上。

助手应积极主动地当此大任，身为下属的你就应该发挥一下“枪手”的长才了。这种人犹如上司的左右手，极受上司的礼遇与器重。

比如，必须在客户的公司刊物上做商品的宣传广告。虽然事前的交涉是低层职员苦口婆心争取到的，但是，这时候还是用上司的名义刊登较好。当然，最初的拟稿作业仍旧要委托给你。稿件完成后，先让上司过目，一番增补修减后再交给客户。身为属下的只要不露形迹，默默耕耘，将自己扮演成幕后功臣，并安于这样的牺牲和贡献，就是对上司强而有力的帮助。当好上司的职业“枪手”，才不至于最后被上司击中。

阿煜的上司长期主管政策研究工作，对这个工作的方方面面都有独到的体会，也形成了一系列的基本原则，成为本单位的重要的工作指导方针。但是，这位上司工作很忙，并未对这些经验加以梳理和升华。阿煜把这些都看在眼里，记在心上，下决心把这些经验做一个理论性的总结。他的想法得到了上司的大力支持。经过不懈地努力，他归纳出一连串的工作方针

和原则，并把它们有机地组织起来，形成一个较完整、内容贯通的理论系统，并以上司的名义发表在重要的刊物上。

这篇文章即刻引起了上级的重视，很快，阿煜的上司成为单位的先进典型，成为其他单位的学习、借鉴榜样。他的上司因此也在系统内赢得了更多的地位。上司因此而对阿煜心存感激，也由此看到了阿煜的忠诚和才干，对阿煜愈发器重了，不仅成为上司的心腹，还成为上司升职后现职位的最佳替补者。

不传播上司的个人资讯

仆人眼中无伟人，作为上司身边的工作人员当然不是仆人，但时间长了，对上司的各种言行举止、脾气爱好、行事作风，也会了然于心。当上司的缺点和不足都被你掌握的时候，怎么样去维护上司的形象就是你要想的问题。

一个合格的下属，所做的应是帮助上司来纠正这些错误，吸取教训，以免再犯。而传播这些消息，只能给上司脸上抹黑，降低上司的威信。上司如果发现人之非议皆出自下属之口，必定认为你对他心怀不满，故泄私愤。而人类的一般心理则是，当一个人觉得别人在敌视自己时，也会对这个人产生敌视。上司的心理活动不能脱离此种规律，这样，你是很难与上司处好关系的。

此外，有些上司可能存在某些素质上的缺陷，甚至在某些方面能力还不及下属，此时，下属就更要注意勿起恃才傲物、轻慢上司之心，不要在闲谈中不经意地流露出来，或者对其缺点故意大肆宣扬。这不仅不利于上司的工作，也会危害下属自己的形象，自取其祸。

在一个公司，很多中层在一起工作，由于观点、气质、风格、方法各不相同，是很容易产生分歧、甚至是重大矛盾的。你如果作为下属，将上司间的矛盾向外界散布，无疑会助长这种矛盾使之公开化、表面化。另外，它还会损害整个领导层的声誉，使上司的矛盾暴露在职员面前，这对于做

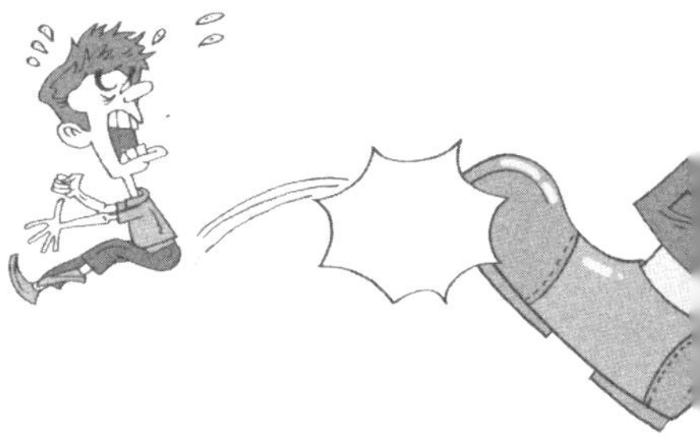

好工作是极为不利的。而且，这种消息对每一个上司的威信都是一种损害，下属便会因一句话得罪了所有的上司，自然，这位下属以后也不会有什么好日子过了。

除了工作上必须保密的事项外，一些有关上司个人的秘密，下属也要做到无条件保守秘密。上司在处理各种问题时，出于不同方面的考虑总要运用各种不同的技巧，即所谓的上司艺术，这些方式方法是上司正确实施企业各项方针、政策的必要补充。出于工作的需要，上司可能会考虑到时机、场合、影响等问题，在外面非常坚决，在私下里又会有所让步；在外面侃侃而谈，在私下里又有着不可告人的苦衷。

作为上司身边的工作人员，对这些复杂、微妙的变化定会有所察觉，甚至是了如指掌。你只能看在眼里，记在心中，切不可故意卖弄，或是经不起诱惑，向外扩散这些信息。下属一定要学会守口如瓶、保守秘密。当然，说守口如瓶，并不是任何事情都是无可奉告那么机械，而是既要热情、得体地说话，又不失密，这才是上策。这样的下属才能为上司增光添彩，这样的你才能“升官晋爵”。

传递上司关注的信息

现代社会，信息就是财富和力量。上司处于统领全局的位置，更需及时掌握各种信息，作为自己决策的依据。但是，信息时代的瞬息万变，对于需要掌握大量信息来进行决策的上司而言，无疑增加了很大的工作难度，信息失真，或者是信息不全，都会影响上司的决策质量，甚至是导致决策的失败。一个能提供精准有效信息的人，是上司重视的人。

所以，你要培养自己灵敏的嗅觉，善于领会上司的意图，密切关注其思想动向，做到同步思维，并及时准确地向他传递相关的信息和资料，充当快速信息员的角色。

收集信息是很多下属经常要做的事情，但是，只有那些善于观察体会、能够正确理解上司的意图、为其提供所需的独特信息的人，才会“搔痒搔到正痒处”，为上司解决了关键性问题，从而获得上司的赏识。上司肯定会为有你这样一个善于体察、能抓重点的得力助手而感到心满意足，同时也能增进你们的和谐关系。与上司都和谐了，你的职场之路也就顺畅了。

及时、准确地把握上司关注焦点的变化，也是下属的一大优势。由于下属平时同上司接触最多，对其言行和活动也最为了解，这就为你更好地干好工作提供了一大便利。所以，你一定要充分利用这一优势，把工作做到上司的心里去。只要你心细，注意观察和体会，是不难发现上司正在关注的问题的。

你可以通过下面几个方面加以分析：上司在正式场合中的讲话，对哪些问题作出了强调，程序怎样；上司在私下谈话里对哪些问题发表过看法，褒贬如何；上司在文件批文中作过哪些删节、改动和批示；上司最近喜欢阅读哪些方面的书籍报刊、对哪些部门的活动比较留意……这些问题有时还是处于端倪，没有形成完整的思路和观点，因此，下属还有必要延伸或开掘“兴奋点”，使之成为有根有据、符合实情的东西。

一位上司在与下属的交谈中先后提出“盯着问题抓落实，扑下身子干实事”，“不断揭短亮丑，狠抓薄弱环节”等几个观点，于是下属便有意识地搜集了有关这方面的政府领导的讲话以及在这方面比较典型的案例素材，汇编成册，提供给上司参阅。同时，他还循着上司的思路，广泛征求各方意见，然后从端正态度抓落实的指导思想、讲究抓落实的工作方法和强抓落实领导班子等几个方面起草了一篇文章，系统地论述了上司的观点。这篇文章发表后为上司赢得了很好的名声，这位下属理所当然得到上司更加的器重了。

当然，收集信息并不是只报喜不报忧，对于理性的上司来说，他收集信息的目的就是解决问题，形成正确的决策。如果你的“好消息”太多了，往往会形成假象，上司因此而决策失误，估计接下来，你收获的就是来自上司的“坏消息”了。

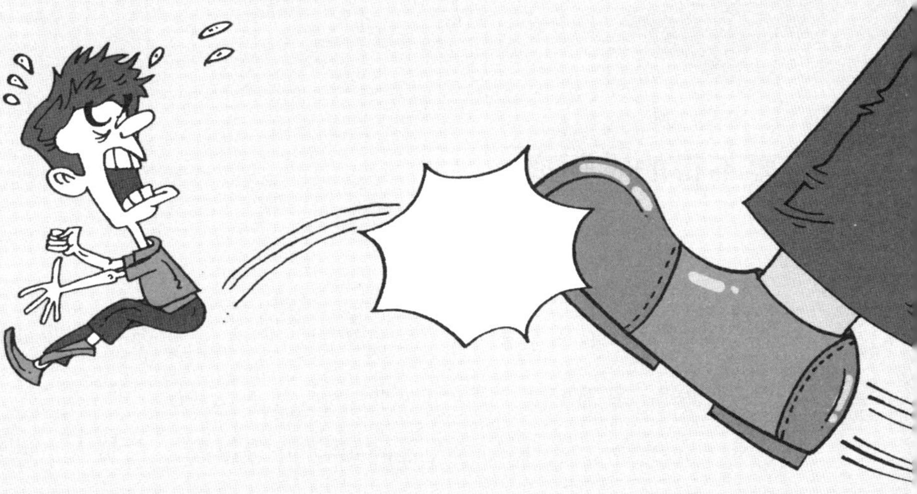

第6章

和谐空间：与上司适度的距离

要不得的零距离

零距离并不是亲密无间的代名词。现在，连银行的营业厅里都有一个“一米线”，其意也是在提醒人们，人与人之间应当有至少一米远的距离。这也是心理学上关于人与人之间最安全的距离。人与人之间的关系复杂多变，如果以为零距离就是最完美的状态，那是大错而特错了。即使你自己能对别人非常的坦诚，但你的坦诚是不是能被人接受，还得看看人家的心情。

上司与下属之间，距离已经存在，要不怎么你们领的工资不一样呢？所以，你应该正视上司与下属之间不可能零距离这一现实。正所谓距离产生美，恰当的距离，才能让美丽更长久，更迷人。

有一家著名人力资源商曾举办过的一次有关“员工与上司关系”的专题调查显示，47.7%的受访者与上司关系一般；与上司界限分明、敬而远之的为36.7%；和上司保持亲密无间的人只占到4.8%；还有10.8%的人对上司采取的是“两面政策”，表面上与他亲近，可背地里时常抱怨上司的种种不是。

谁都知道和上司相处必须掌握好分寸，控制好火候。宠辱不惊，不卑不亢，有礼有节，要说大原则好像谁都明白，就是有时候一落到自己的头上就有些犯迷糊，保不准就会说错点儿话、办错点儿事。比如上司因你办了一件漂亮事而对你笑了笑，你不能晕乎乎地找不着北，蹬鼻子上脸；如

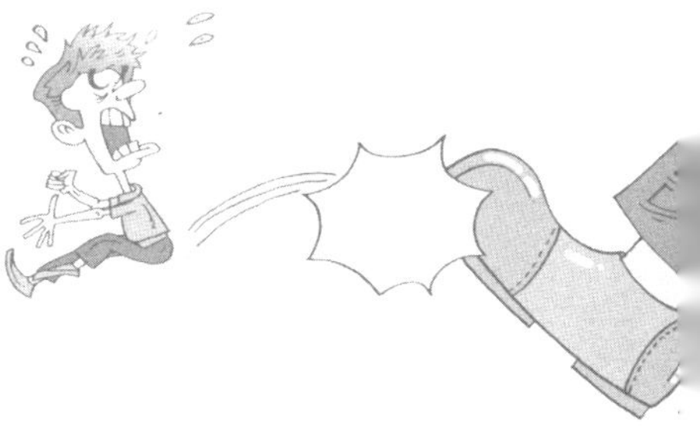

果上司因你办砸了一件事，发了点小脾气，你也大可不必惶惶不可终日，沮丧得吃不下饭，甚至都不想谈恋爱。虽然同样是同事，上司总被贴上了“特别对待”的标签。与之亲密，肯定会被周围的人指手画脚；与之冷淡无语，招来的恐怕是上司的冷落。实际工作中，员工难免会遭遇到这样棘手的问题，孰冷孰热也只有亲身经历的人才能体会。

一个普遍存在的误区就是，有的人认为只要和上司像朋友一样相处，自会于无声处柳暗花明。有的人会说，我和我们上司是铁哥们儿，是好朋友，就不必保持这个距离了吧？如果这样想的话，那你算是晕菜了。现实生活中，朋友由“铁”而反目成仇的例子为数不少。夫妻关系够亲密了吧，可反目成仇的例子也有不少，更何况是朋友呢？虽然夫妻关系和朋友关系不能混为一谈，但任何人也不能否认：人与人之间的距离感是从来不会消失的，不分彼此也只能是一种美好的愿望而已。

不论什么时候，上司就是上司，即使你们的关系很不一般，也不意味着对他可以没有敬畏和恭维。然而，我们却往往因为和上司走得很近，就忽视了这一点，从而影响了自己的职业发展。与上司的亲密关系不一定会成为自己的保护伞，相反，有时还会给我们带来负面影响，这也是做下属必须考虑到的。其实，下属与上司保持适度的距离，反而更有利于交往的正常进行。

上司和下属的距离，合适的尺度在哪里呢？

和上司保持工作上、情感上的沟通要有度。千万注意不要去窥视上司的家庭秘密、个人隐私。即使要了解上司在工作中的性格、作风和习惯，但对他个人生活中的某些习惯和特色也不必过多了解。

要注意了解上司的主要意图和主张，但不用事无巨细。否则你会使他感到，你的眼睛太准了，什么事都瞒不过你。这样他工作起来就会感觉很不方便，因为他是上级，你是下级，他当然有很多事情要保密。对上司的一部分事情，你只能是知其然而不知其所以然。

像上司的“显微镜”和“跟屁虫”那样，凭着和上司的“亲密”关系，去揣测上司，那是把蚤子往自己身上拈，到时候你想掸都掸不掉。“办公室内无友谊”——话说得有点冷酷，却道出了职场真谛，同事如此，上司也是如此，记住，你是来做事的，不是来谈情交友的。

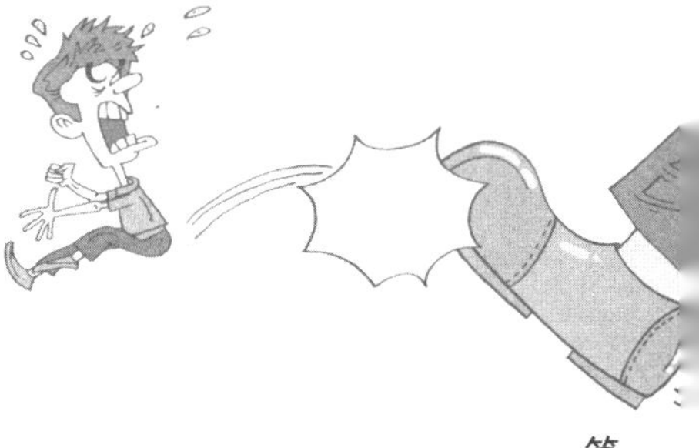

上司的隐私都是 A 级

有些上司有个特点，就是空虚和情绪低落的时候，或在无可选择之下，会在下班的时间拉着下属讲讲私事，给自己的郁闷找一个出口。当你受宠若惊地听着你的上司说自己因为老婆每次都要检查自己的手机短信而苦恼的时候，你千万不能因此而觉得领导已经把你当哥们了，职场中最凶险的事情，莫过于你知道的是上司的隐私。

对上司的生活和私事了如指掌，会在无形中给他一种威胁，万一事情出了差池，你当然难以脱离干系。即使是再精明的老江湖，也有马失前蹄的时候。有时候一不留神知道了别人的秘密，即使你帮他保密，也是吃力不讨好。所以，哪怕是在八小时以外，也尽量避免走近上司的生活天地，这不失为一条自我保护的太极神功。

上司找你谈心的时候，可能是心情最低落的时候，找你可能也就一时性起，万一他后悔让你知道太多私事，怕你向外宣扬，可能就特别对你避忌，如此，对你的前途就无形中添了些坑坑洼洼。

所以，当上司最脆弱时，他也只需要适度的关心，一杯热茶足以让上司回报你一个淡淡的微笑。如果方便，你随意地讲出一个十分可乐的笑话，开解他郁闷的心情，他会非常感激。要明白，真正关心上司，出发点应是爱戴而不是利用，更不是不生不熟的廉价怜悯。

在日常生活中，更要谨慎处理与上司的关系，注意替上司保守私密。比如，一次偶然的机会，你发现自己已婚的上司竟与某女同事搞婚外恋。其实事情并不复杂，你只要装聋扮哑，一切装作不知，也就平安无事。例如，你本来约了朋友在某餐厅吃晚餐，当你踏入餐厅时赫然见到他俩，你可以扮作一派镇静，先环视一下四周，若你的朋友未到，事情就好办得多，马上当作找不到人而离开，在门外等你的朋友。即使朋友已坐在餐桌前，

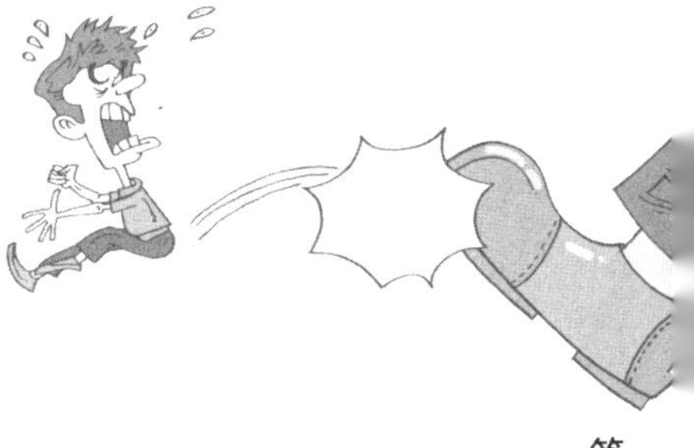

你也可走上前，当作有急事找他，与他一起离开那地方，再作详细解释。要是你与友人先到，正在用餐，他俩才走进来，那就不妨在四目交投的情况下淡然地打个招呼，但不要与友人闲聊太久，最好比他俩先走，离开时记着不必自作多情再去打招呼了。

第二天返回办公室，应装作若无其事，只管埋头工作。就算同事私谈有关两人之事，也是绝口不提为妙。在办公室乱谈男女关系，本身就是办公室一大忌，聪明的你自会作出明智的选择。做个沉默者，不要就这些事件发表任何意见，更不要让其他同事为这事拉你落水，使自己成为窃窃私语的一分子。这是上司最忌讳的，虽是小事，但如果因此招致上司的怨恨，那真是王二捡蚕豆——丢了金元宝，太不值了。

如果上司的情事已经成为办公室里的热门话题，甚至有唯恐天下不乱者，打算向上级部门放他一支暗箭、告他一状，你出于仗义很想帮他一把，也要知道历来做“谏者”都是要冒风险的。夹在罗曼史和对上级部门的恐惧之间的上司心情是很郁闷的，郁闷的人通常会找一个发泄口，一不小心，你就成为他的发泄口，甚至你会荣幸地被他升级为谣言的始作俑者，都成了靶子，你哪里还会有好日子过呢！

警惕上司的“心里话”

对上司的倾诉欲望，你没有必要过于紧张，认为这后面都是有目的的，都隐藏着巨大的风险。对于一个有着正常情感的上司来说，他所谓的倾诉并不一定是要在你这里寻找到什么答案，而是要找个听众，让他发发牢骚，出出怨气而已。

你能做的，就是做一个出色的听众。倾听之余，还要有适当的反应。比如，善解人意一把：“是呀，我真理解您”；“当上司太不容易了。人们

只看到您人前风光无限，却不知您背后的酸甜苦辣”；有时，再来点自我责备：“都是我们太无能了，让您一个人承受这么大压力。”有点不要脸？不对！你说的也全是“心里话”呀——当老板容易吗？你理解他吗？他压力这么大难道和你们这群下属无关吗？

如果下属听了上司的“心里话”，除了表忠心外，更要在以后的实际工作中效力，这当然更是上司们所期望的。

当然，也有一些必有目的的上司通过“交心”和下属“套近乎”，绝不是像发发怨气那样简单。目的无非两个。一个是上司向你吐露“心事”，多么看中你呀，如果公司有难处你还不体谅，“士为知己者死嘛”，这次就不要提加薪了，或这次你提成的数目太大，对公司的周转会有一定影响，缓一缓再说吧。上司交出“一颗心”，你便少挣许多钱。

另一个目的则更阴毒些。既然老板都拍着你的肩膀吐露肺腑之言，连他要和老婆离婚的想法都告诉你，你是不是也应该“以心换心”“将心比心”呀。老板当然对你和你老婆的关系怎样不感兴趣，他想知道的是公司最近有什么议论，部门经理们是不是情绪很大，那个副总有没有吃里爬外的现象……

曾经有一个职员被上司的三言两语和半瓶洋酒搞得晕头转向，当上司谈完女人和足球后问道：“公司现在到了关键时刻，我的有些想法包括决

策经常有些变动，不知他们有什么看法。”他才知上司的意图很明显，是想了解下属们的思想动态。

往往有一些人会被上司的“心里话”打动，尤其是会被上司在工作以外的时间和场合一些推心置腹的话感动得热泪盈眶、不知所措，最后便热血沸腾地毫无保留地“进言”和“以心换心”了。

出于掌握员工和下属的心理活动的需要，一些老板和上司有时故意宠爱某个员工或下属，但你并不能因此而产生夜郎自大的情绪，似乎觉得上司是自己人了，因而会放开大嘴评说公司与他人的功过是非，仿佛自己就是老板了。这都是幻觉，在上司眼里，你还是他的下属而已，企业都是他的，还轮不到你说长道短，你若说得太过分了，他可能连“旧情”都不念了。

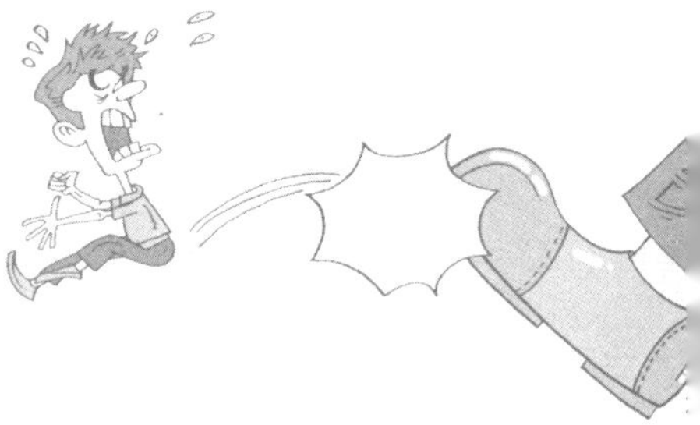

别让上司有威胁感

在职场上，上司是一尊请也请不走的神。只要你迈进任何一间办公室，就会有一位上司在那里等着你。如果是在大一点的公司里，还会有有背景的和无背景的各色人物，你如太过拼命做事，什么“他的机会来了，他要将上司一脚踢开……嘿，这样紧张工作，真当自己升职了？”难听的谣言可能会蜂拥而至，如果传到上司耳朵里，就算你没有这样的心思，他也会当作你有。这时如果你是新到职的，对公司的制度和作风还未完全熟悉，上司看穿了这点，趁着你信心未足时，先打击一下你的锐气。这也不奇怪，你只要心里明白就可以了。

有上进心的你，可能会非常勤勉地工作，以此赢得上司的赏识，甚至能得到提拔。要知道，职场水深，尤其是在老鹰云集的大公司，虽然你有勤勉的工作态度，出色的工作业绩，但你毕竟还是一个新人，这时候想消减你锐气的人不少。

凡是做上司的都希望下属跟着自己想法在屁股后面跑，都不喜欢下属跑得快过自己，所以你的干劲、魄力过人，可能令他不安，下意识地就爱对你做的事采取“鸡蛋里挑骨头”的态度。你如果清楚了自己的能力，最好还是“绕着走”，君子不吃眼前亏，韬光养晦为上策。当下属找你询问有关问题时，你可用推托的态度说：“一切还是依上司以往的原则去实行吧!”或者说：“我看，上司会以为这样做较好!”

别的部门有人来找你商讨有关事宜，若不是当前要务，你应告诉对方："唔，我想这件事可以留待上司回来后才给你们答复。"要是须立刻交代，可以客气地表态："这样吧，照以往的做法去做，力求简单就是了。"遇上老板直接找你完成某个任务，除了全力以赴，尽量表现自己外，还得慎防是不是人事游戏，最佳办法是待上司回来后，向他报告一切。

即使是帮助上司解决困扰，也要注意不要使上司对你产生信任危机，不要随便揭露上司的秘密，也不要混淆上下之间的界限。适当的时候要适当地糊涂，隐藏自己的才能，不要过于锋芒毕露，不能让上司感到被威胁。

要判断上司是否有被威胁的感觉，可以从一些细节观察。比如，新上司到任才几个月，但他对你的态度却有了180°的改变。起初，他是谦虚、和蔼的，公事上许多细节，也会不耻下问，遇上你有什么过错，他总是表现得宽宏大量，甚至有些关于决策的行动，也会在实施之前征求你的意见。渐渐地，你视他为好朋友，无所不谈了。可是近来，上司的态度完全变了样，不再单独与你相处，不再向你询问各种公事的窍门，更不会请你指点些什么，有时还当众指责你的不是，似乎他对自己有十足信心，不必再依赖或凭倚任何人。

你这个时候应该醒悟过来，"教会徒弟无师傅"。当然，看清了上司的真面目，也要保持沉默，就当是一场游戏一场梦而已，千万不要四处谈感想，发表新的宣言，那样的话，你将有可能成为另一个公司的新人。

恋上上司是种错觉

职场里的男女，爱上上司或者老板的故事早已屡见不鲜。虽然，男人和女人的故事不会听命于职场的清规戒律，异性相吸的诱惑也不会受制于身份的阻隔，但这种类似于灰姑娘的故事并不都是以美好结局收场的，更多的，是那些痴痴的失落者在梦醒之后的痛悔和感悟——原来那不是爱，不过是爱的错觉。

俗话说“兔子不吃窝边草”，但是兔子急了有时也会吃点窝边草。时下，写字楼里的爱情故事林林总总，有时确也很傻很天真。这里是青年男女成堆的地方，不免时不时会撞出些情感的火花，有时不小心被上司撞上了，躲也躲不掉，藏也藏不住。对于感情而言，办公室的爱情实际上是一种次优选择，尤其是上下级之间的爱情。如果谈成了，倒也无妨，如果不成，在一个屋檐下共事，想不尴尬都难。

更何况，因为是上下级关系，即使是当事人，恐怕也很难分清这份“爱”到底掺杂了多少世俗的成分。

一个眼神，一种语调，一个动作，一种笑容，都会惹出“祸”来。在同一个部门，大家朝夕相处，也会日久生情，但是你敢爱你的上司吗？职场内，竞争激烈，你的上司或许给你一种高高在上的感觉，你能和他（她）恋爱吗？一美眉说：“面对他，我假装自然，有什么事说完立马走出他的办公室，不和他瞎扯！平安夜，他发信息给我了。好意外！好惊喜呀！但

我告诉自己别想太多，节日里祝福的群发信息多得是！他有时候也会关心问候我。可是，我害怕！我知道放太多感情下去，我会死得很惨！他在我眼里，就是那种养尊处优的男人！而我，只不过是一个普通的不起眼的小女生！”想想真的觉得挺苦恼的，每天抬头不见低头见的，两个人在那里暧暧昧昧，肯定对各自的心情还有工作有影响。玩什么，也别和上司玩暗恋。

看过一篇恋上上司的文章，情景相当雷人。一美眉做总裁秘书，在工作中与总裁接触比较多，上班甚至下班的应酬，尽管只有不到两个月的接触，她突然发现自己竟然喜欢上了他。上司是一个四十多岁、对小女生有一定杀伤力的男人，有老婆和孩子但都在美国，他的各方面都很成功，身边也不缺乏形形色色的女人来往。这些都是她在平时的工作和生活中了解到的。她还算是个称职的秘书，有些私生活的问题，需要她去打理的话，她就去打理，不需要她的时候，她从来也不参与。

有一次她和总裁出去应酬，喝酒喝得很难受。第二天早上醒来，她居然第一个打电话过去问他的司机，他昨天晚上怎么样，当司机说他还好的时候，心才放下来，继续睡觉。后来看过通话记录才发现，那时候竟然才六点半钟。

那一次自己无意中的举动把自己都吓了一跳，这种关心，真的觉得有点动情了的感觉。从那以后她把为他的工作更加变成了自己的事情，而且

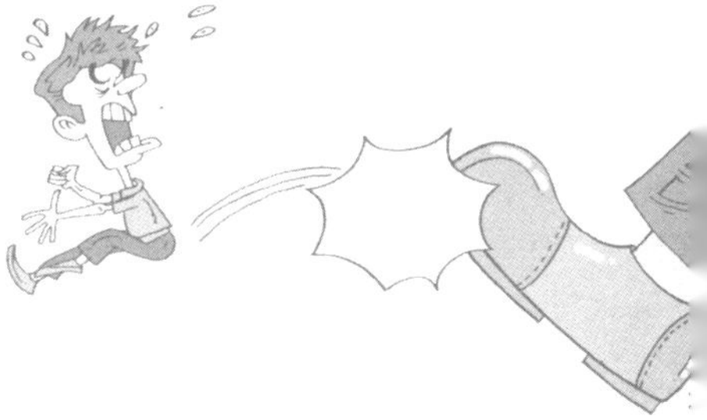

每天早上见不到他坐在办公室里看报纸就心神不宁，能够为他递上一杯热茶成了心里小小的幸福瞬间。

她知道自己这样是愚蠢的，但又欲罢不能。其实可以辞职不做了的，因为自己早就计划要离开现在的城市，可是自己每天依旧早起按时上班，每天去上班，难道就为了见到他，能在他的身边工作？想想都觉得单纯得好笑。

她不是一个喜欢单相思或者是玩暗恋的女孩子，她的观念一直是比较理性的，可是这次真的不知道自己怎么了，就是很喜欢看着他工作，看着他眉飞色舞，看着他剑拔弩张，看着他思考问题，看着他开心得大笑。他是个很霸气的男人，对女人又很绅士，难道她真的陷了进去？

现在她在公司里剩下的时间不多了，夏天过完，秋天到来她就要离开这个城市去另外一个海滨城市求学，今天她接到了录取通知书，心情乱得想哭。

其实他的生活她了解的只是一部分，但是她现在真的欲罢不能，不知道自己想要什么，也不知道会怎么继续。她想去对他表白，身边的闺中密友，没有一个鼓励她也没有一个反对她，她们都说总之不要让自己后悔。

她最后问：朋友，我该不该去向他表白呢？我的崇拜，我的欣赏，我的爱恋……

上司能爱吗？这显然是个很傻的题目。从情感上说，爱是无禁区的，但从生活经验和传统习惯上来说，爱又是有规则的。比如，爱上上司，就破了“规则”，你敢破这个“规则”，你就得准备多付出一点代价。如果这种爱已经成了你的唯一，那你也就只得认了。在爱的错觉中，一旦涉足恋情，人的感情总有一份想象的浪漫，那些忠诚总包含着一厢情愿的归属。能够修成正果的还好，可是要是遇到一个“使君有妇”或者“名花有主”或者两个人都有恋人的，那就不好说了，只能是靠时间来磨灭。

但是可以肯定的是绝对不要这样发展下去。因为他对你的青睐也会成为其他人的迷情，他对你的吸引也会成为其他人的诱惑。况且，尽管你认定自己爱上了他，如果有一天他不再做上司，也许你会后悔自己看错了人；一旦他的事业遇上了麻烦，你对他的爱也会在一夜之间付诸东流。

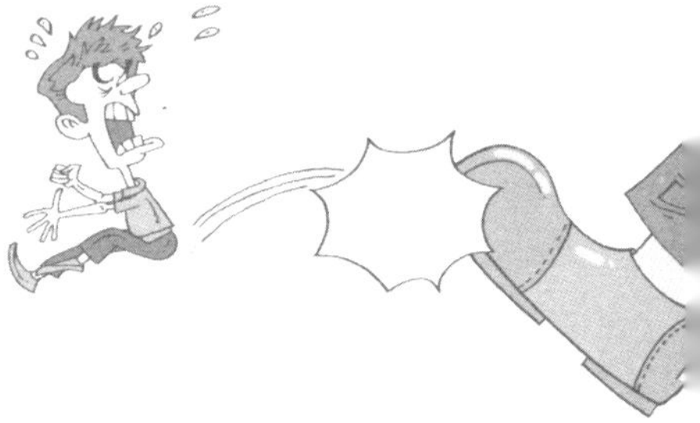

对上司不作背后评论

人就是这么奇怪，点头之交，被很多人认为是一种人情冷漠的表现。其实不然，点头微笑，保持距离就是最好的交际方式。同事一旦熟起来，七嘴八舌，你评我讲，个个都成了八卦高手。而餐桌和下班的路上便是一切八卦是非的最佳发源地。如果是在餐桌上，谈上司，论不满，听到很多你从来都不知道的秘密和满腹的牢骚，让你发现原来表面上的一片平和融洽，内部竟是暗涛汹涌。

职场第一要则是谨言慎行，尤其是不要在背后议论上司。“背后议论”大家都知道是个坏东西！当面不说，背后乱说，有人形容为长舌妇、勾勾嘴、是非婆、流言家！飞短流长，自由主义，邪气歪风……为什么不能对面鼓、当面锣，襟怀坦荡，光明磊落，开诚布公，真心相见呢？

余枫是一家文化公司的策划，颇有创意，但他一个不好的地方就是自视清高，常常对上司的一些方案颇多微词，有种不屑的感觉。但碍于情面或者习惯，他从来不当面向老板提出自己建设性的意见，而总是在上司背后唧唧哝哝，很快被上司知道得一清二楚，还专门和他谈了一次话，客气而委婉地让他不妨直言。这时，他又支支吾吾，躲躲闪闪，说上司的创意尽善尽美。上司终于不客气地说：“我请你来是做高参的，不是做好好先生的。”

上司和下属相比，最发达的器官就是耳朵和眼睛，背后说他的时候，

掂量着点。身在职场，领导、同事之间的摩擦碰撞似乎成了不可避免的话题。发发牢骚、抱怨一下本来很寻常，无伤大雅，谁工作没个不顺心、看不惯的事？可是牢骚抱怨似乎常常会由针对工作演变为针对某些人，一场八卦是非由此开始。尽管我们不希望别人同样如此在背后议论自己，可一旦相熟朋友开了头，你能停下来不参与甚至阻止他吗？

理论上应该是如此，但事实上，很少有人能避免加入到一些背后议论人的队伍中。如果现在你还只是进公司不久的新人，很多人、很多事你不清楚真相，你可以不发表意见，不参与其中。可日子久了，大家更熟了，

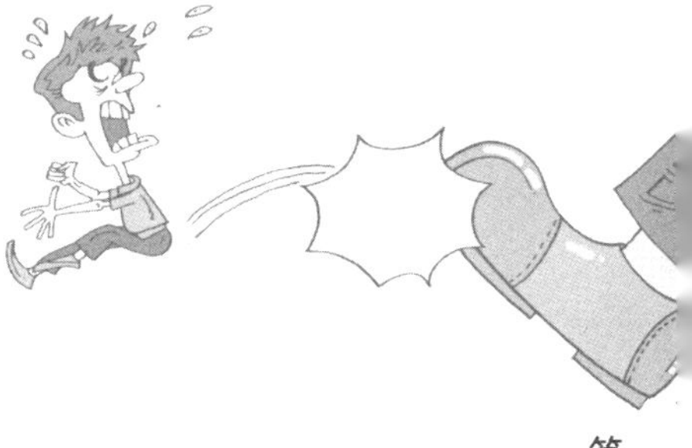

再说起一些是非，你是否依旧能做到如此呢？

有什么意见可以当上司面善意地沟通，切忌背后做负面评价，否则给人一个伪君子和两面派的感觉，特别是对于上下级关系而言更是如此。任何人不可能完美，上司也不例外，上司不会介意真正出于善意的保留意见，但“不忠”、“两面三刀”却是任何上司都无法容忍的。如果有人在你面前唯唯诺诺，而在你的背后却嘀嘀咕咕，你会怎么想？何况你还给这人发薪水，你怎么愿意花钱养一头长大后会咬你的老虎呢？

如果你真正对上司有异议，一定要当面向他反映，只不过注意方式就可以了。你不要以为你在上司背后的嘀咕不会被添油加醋后传到上司的耳朵里去，多少人等着去邀功呢。一旦如此，你会赔上你的人格。所以与其在上司背后嘀嘀咕咕授人以柄，还不如当面袒露胸襟，至少不会牺牲你的人格。

你不尊重别人，别人当然不尊重你，更何况你不尊重的人是给你发工资的人，那后果就更严重了。没有任何一个上司会容忍他的下属在背后拆他的台。自以为上司不会知道背后的议论，但没有不透风的墙，谣言总会不胫而走，使你的前途岌岌可危。所以，如果你的上司是个乐于接受不同意见的人，你不妨采取适当的方式，和他当面谈出你的看法；如果你的上司是个听不进不同意见的人，那你就做沉默的大多数吧，因为说了也白说。

当心自己微妙的侵犯

职场如江湖，如何不挨刀，只有在千百次痛定思痛之后，自己才体会得深些，才知道面对上司，什么时候应该主动去做，什么时候又该作出一些牺牲。

职场中的规矩往往都是没有文字的，大多都是自己经历之后琢磨出来或菜鸟们之间口耳相传的，所以一定要在这些很多人会认为是微妙的“小事”上摆正自己的位置。你与上司的地位始终有差别，应该是上司做主的事情，一定不要自作主张，因为你没有定夺的权力。如果你在这些方面摆不正自己的位置，那么吃亏的那个人一定是你。

有这样一些铁律需要你牢记于心：

不管穿着、说话还是行事都不要比你的上司更显眼；不要试图挑战上司的权威，而是利用他的权威，去寻求更多的配合和资源；越级报告被很多员工认为是一件理所当然的事。殊不知，这在处理职场中的人员从属关系上是一种最为愚蠢的方式，这会使你与直属上司间的交往变得充满计较和障碍，它也会让你之前所有好的工作表现在每一位上司的心目中都付之流水。

即使你非常能干，也不能轻视自己的上司，哪怕是背地里骂他是“笨蛋”。高估上司是没有风险的，然而要是轻视上司的话，一定会被上司记在小本子上，甚至会在适当机会给你难堪。你对上司的种种负面评价，终会

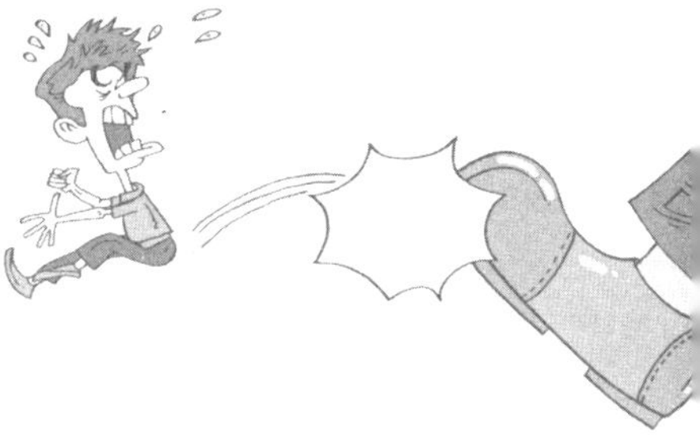

变成上司对你的评价。

上司有错时，当众纠正让他出丑，那时蠢驴的做法。如果错误不明显，不关大局，其他人也没发觉，不妨是装聋扮哑，等事后再予以弥补。不要在公众场合或同事的面前跟上司顶嘴，穷追猛打，否则会弄巧成拙。

在某些比较随意的场合，你争着坐在离上司较远的地方，上司主动招呼你向他靠拢，你惴惴不敢从命，老是缩头缩脑，长期甘当“后排议员”。下属怕坐在上司旁边，怕被人在背后说拍领导马屁，结果好像领导身边就成禁区。从心理学上说，你跟上司的微妙接近，能够使上司从心里认为你是喜欢跟从他的。反之，上司则认为你不愿意亲近他，或者认为他对你是没有吸引力，或你对他有抗拒感。

适当回应上司的热情是必要的。上司有时为了表示与员工亲热会拍拍我们的膀子，我们是否要回应一下也拍上司的肩？肯定不能，这是有社会学意义上的定位。曾经一对上下级，原本是朋友，下级想拍上司的肩，被上司很厌恶地甩开。员工与上司永远无法平等，上司的权威，是员工用私交也无法逾越的。这一距离，是社会学意义上的定位。作为员工，面对上司伸来的手，你唯一的选择是与上司握握手，再松开手，该干嘛就干嘛。

得罪上司之后

职场江湖，你可能想得罪一些人，但是现实是残酷的，你所能得罪的人只有一种，那就是那些不能对你进行反扑的人。反而推之，你不能得罪的人就可以列出长长的名单了：主管上司，强力部门的管理人员，与权力者接近的人（比如上司司机、秘书、信任的顾问等），心胸狭隘的小人等。其中最最不能得罪的还是你的上司。除非是在痛打落水狗，否则得罪了上司受损最大的肯定是你。

上司决定着你眼前的衣食和日后的升迁，在一个公司混下去要把和上司搞好关系作为第一要务。但当你和上司相处时，难免会产生一些枝节，无意中得罪了上司。不管谁是谁非，“得罪”上司无论从哪个角度来说都不是件好事，只要你没想调离或辞职，就要学会圆滑应对。

如果你的上司觉得被你得罪得很深，而形势又在他的掌控之中，他必然会考虑对你进行打压甚至清除，这既是报私仇，也是他树立管理威信的需要。对这种公私纠合的事情，连仲裁人员（比如职能部门、上司的上司）都很难做工作。

“得罪”了上司后，下属心里不愉快也在常理之中，难免会产生些小情绪，但是如果在自己工作的圈子，你找那些自以为关系过硬的同事开地下诉苦会，这可能会让你苦上加苦，苦运不断。多数同事会对你的诉苦避而远之，因为对他们来说，了解你的苦并不能让他们的薪水上涨，也不能

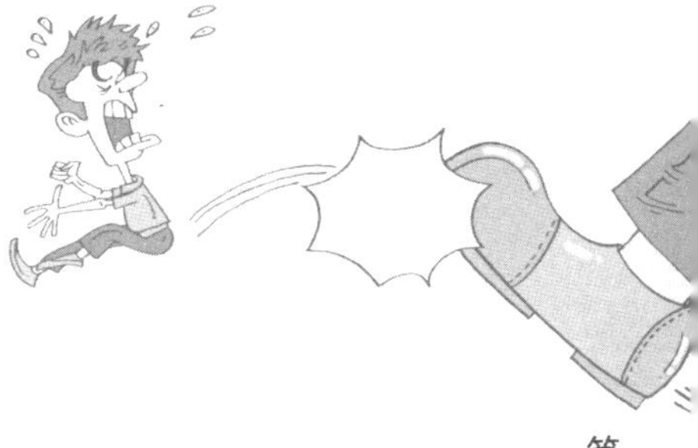

让他们的职位上升，可能反会惹个串通的嫌疑，实在是吃力不讨好。不幸的是，如果一些另有居心的人可能把你对他的苦水，经过添枝加叶后一股脑儿“呈”到上司那儿，还加深了你与上司之间的裂痕。

所以，当你“得罪”上司后，不要急于向人倾诉，不要指望得到人们的理解，最好想办法弥补。所以，了解一些常见情况的应对策略，你才能在遇到时不至于尴尬难堪、束手无策。你要坚持“三不一搁”的原则：不计较，不争论，不扩散，而是把此事搁置起来，埋藏在心底不当一回事，在工作中一如既往，该汇报仍汇报，该请求仍请示，就像没发生过任何事情一样。

不管你有多么的难受，如果你还准备留在这儿干，你就不能以此为由消极怠工，对工作敷衍塞责。作为下属你应该清楚，你是在为单位工作，不是为上司一个人服务，干好手头的工作是你的本职，你可以与上司不谈私人感情，但不能不论工作关系，否则上司便可能以此为由向你兴师问罪。

在保持正常的工作状态之余，你也不妨静下心来仔细分析一下，看看问题到底出在哪儿：是上司对你的错怪，还是可能由于一时的冲动；是源于长期的偏见、小人的谗言、自己平时恃才傲物、锋芒太露冒犯了上司，还是因自己说话方式不当让上司遭遇了尴尬；或是因自己工作出现问题连累了上司，还是因为自己工作业绩太差，拖了单位事业发展的后腿……

经过反思，如果问题确实出在自己身上，应及时找上司真诚地承认错误，以求得上司的谅解。在这个问题上，你大可不必有太多的顾虑，觉得自己羞于见上司或者害怕被上司训斥，因为你向上司深刻地检讨正说明了你有自我反省的表现，并希望有机会进行改正。通过自我批评，让上司明白他的责怪是错误的。你可以表示，某事是自己没有能够及时向上司汇报，以致上司未能掌握更多的信息。在交谈中应避免使用“错怪”、“误会”、“你不知道”和“你不清楚”等词。多数上司对你反向主动承担他错怪你的责任，是能够理解的，但上司通常不会把自己的心情向你袒露。那就要赶快采取措施加以补救。

如果重要责任在上司一方，只要不是原则性问题，就应灵活处理。因为目的在于和解，下属可以主动灵活一些，把冲突的责任往自个身上揽，给上司一个台阶下。人心都是肉长的，这样人心换人心，半斤换八两，很容易感动上司，从而化干戈为玉帛。

另外，还可以找一些在上司面前谈话有影响力的“和平使者”，带去自己的歉意，以及做一些调解说服的工作，不失为一种行之有效的策略。调解人从中斡旋，就等于在上下级之间架起了一座沟通的桥梁。尤其是当事人自己碍于情面不能说、不便说的一些语言，通过调解者之口一说，效果极明显。

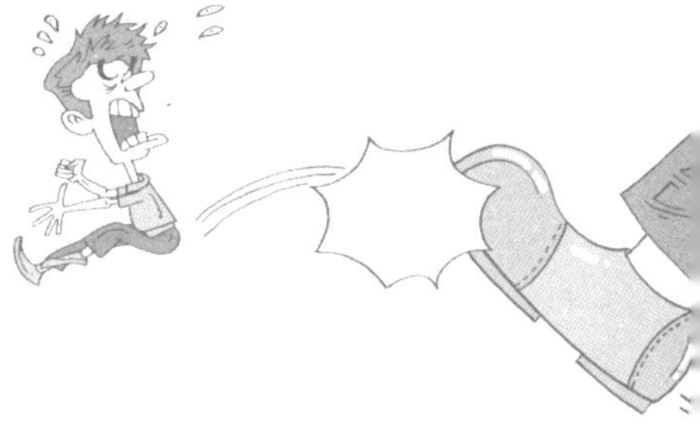

不管冲突有多严重，你切不可用敌对或是藐视的眼光看待对方，否则只会使自己今后的处境更加尴尬。要知道，即使是开明的上司也很注重自己的权威，都希望得到下属的尊重。最好的办法是让不愉快成为过去，不要在自己的心里酿积成愤怒的火苗。

向上司表示尊重，不仅是你为了生存与发展而采取的明智之举，也是在向更多的人表示你的修养和风度。在一些轻松的场合，比如会餐、联谊活动等，向上司问个好、敬杯酒，这些做起来很自然得体，既没有拍马讨好之嫌，又能表示你对他的尊重，上司自会记在心里，排除或是淡化对你的敌意。一般说来，上司都懂得“人非圣贤，孰能无过”的古训和“年轻人犯了错，连上帝都会原谅”的道理，不会得理不饶人抓住下属的过错不放的。

如果作为下级见面憋着一股犟劲不答腔不理睬，昂首而过，长期下去就会旧疙瘩未解又结新疙瘩，矛盾像滚雪球般越滚越大，势必形成更大的隔阂。除非上司真的有海阔天空一样的胸怀，当然，以你这样的态度，估计遇到那样的上司的几率跟中500万彩票差不多。

第7章

设陷与解套：上司的小鞋样本

穿小鞋的日子

上司之所以能成为上司，有许多的机缘，当上了上司之后，其性情也会发生一些变化。有职场老鹰将其总结为“上司性格”，虽不似虎般凶猛，却仍如虎般伤人。“伴君如伴虎”的说法，对上司们可能有失公允。但有几个在上司身边工作的人没有被“这只虎”伤过呢？

老虎都是来明的，但对一些有学养兼富有职场经验的上司，他们最叫绝的伤人办法就是为你量脚定做一双别具意味的小鞋。比如，明明是不用赶的工作，上司却要求你加班处理；明明是你创造的业绩，上司却把荣誉归了自己，功劳给了其他同事；明明别人有事都好说，你要请半天假就不行……很明显，这是上司在给你“小鞋”穿了。

上司的小鞋可谓五颜六色、各具形态。上司预留给下属的小鞋放在暗处，身处上司眼皮底下的你，稍有得罪上司之处，便会以你职级的低下，兑换来上司的小鞋一双。在这点上，职场上流传很广的庄城的故事，也算是比较经典的。

庄城到一家新公司后，承蒙上司的错爱，竟然被破格提拔了，主管公司的网络工作。不久，公司一个任副总经理的元老把麻烦找到了他头上。

据说，副总经理原来是要提拔他的一个亲戚的，可被庄城抢了先。而庄城除了技术上的绝对优势外，别的方面确实很普通，尤其是管理方面，经常丢三落四，顾此失彼。这不，因为一点小差错，这个副总把庄城训得

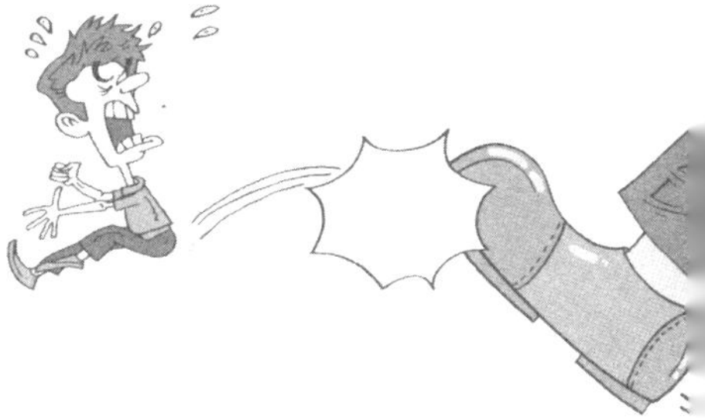

“狗血淋头”，最后，他红着眼睛说：“小崽子，别以为你被提拔了，尾巴就翘得老高，我从来没把你当个豆儿！”庄城的怒火噌地蹿上来，原来忍耐，是因为他也算是“人话”，现在他已经没了“人味”，自己“安能摧眉折腰事权贵”！

“我郑重地告诉你，你必须把刚才的话收回，并向我道歉。”

“你反天了你，小崽子。”副总经理冲动得不得了，竟上来揪住庄城的项领。庄城的血液一下涌上了头，毫不客气地紧紧攥住了副总经理的两只手腕，在副总经理松开手的瞬间，狠狠地把他推了出去。咚，副总经理仰天跌倒。庄城被上司叫去。庄城已经做好了走人的准备。没想到，上司除了训他一顿外，并没有让他离开，而且职位也保住了，并叮嘱他：“你今后要注意了。”

庄城知道，穿小鞋的日子开始了。

几天后，庄城把副总推个仰面朝天的事迹就在公司传遍了。一个晚上，另一个副总找到他，很亲热地跟他拉了一会儿家常，说你一个人出门在外不容易，没有家庭的温暖，然后请庄城到他家吃晚饭。庄城不知他葫芦里卖的什么药，隐约觉得与自己推了那个副总有关，待要拒绝，又怕雪上加霜再得罪一个，于是硬着头皮去了。晚饭的气氛很融洽，确使庄城体会到了久违的家庭温馨。频频举杯中，这位副总鼓励庄城好好工作，说庄城技

术过硬，人品好，一定大有前途，对庄城推倒那个副总的事却只字不提。庄城虽然心有余虑，却也看不出什么陷阱，情绪上好了很多。

接下来的事情更出乎庄城的意料，有些人主动和他打招呼，套近乎。庄城顾不了那么多，一概地“受人滴水之恩，便以涌泉相报”。庄城的朋友圈子一下子扩大了。

明显和庄城过不去的自然也有。人力资源部一个叫“雷子”的同事找到他，问庄城为什么他的计算机总出故障，耽误了他很多工作。按过去习惯，这时庄城肯定会公事公办，告之是你的操作问题。但转念之间，想到自己已经严重“伤害”一个副总了，再不能得罪任何人，能忍就忍吧。再说，看他那架势，分明是来和自己吵架，要是不小心，岂不着火，正好中了他布下的圈套？算了，为了那个该死的副总，庄城想，还是宁可受点气吧。就这样，庄城和颜悦色，拿出万分的耐心和小心，诚心诚意地为他讲解。后来回想，似乎教自己的恋人学电脑也没有这样认真过。这位同事没有找到爆发的导火索，也不知学会没有，不冷不热地走了。

这样的事情共发生了五次之多，每次来时，他都脸上挂霜，然后在庄城的安抚下平安无事地离开。但是，庄城也明显地发现，他的敌意一次比一次少。第五次的时候，他坚决要请庄城撮一顿，庄城没有拒绝，他们由此成为好朋友。

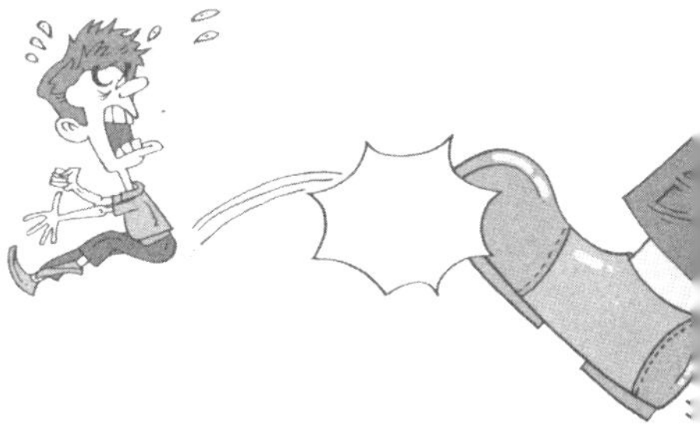

出差半个月，庄城的工作暂由副手代替。等庄城回来时，他制定的方案已经被总裁批准了，只差最后实施的一步。按说，出现一切问题都不是庄城的责任。但庄城发现，自己爱较真的性格又回来了，他觉得不能出现丝毫的疏漏，以免被人穿上小鞋。庄城连夜偷偷地检查、研究既定方案，如果没问题，就谁也不让知道。谢天谢地，庄城真的发现了一个重大隐患。当时的心情，庄城只能用“善意的幸灾乐祸”来形容了。

结果不言而喻，庄城为此受到公司的重奖。

一年后，推倒副总事件在庄城心中留下的阴影已渐渐地淡了。庄城也逐渐从如履薄冰的心态中走出来。在这个故事里，庄城虽然得罪了公司重量级上司，但是通过自己的智慧得到了某人原有“敌人”的支持和拥护；因为得罪了某人，你就不能再得罪其他人，所以处事会加倍小心；因为得罪了某人，你要时刻提防工作上的疏忽，以免给人可乘之机。当然，引述这个故事并不是说穿小鞋都能给自己带来好运，而是说，对小鞋我们也不要过于惧怕，如果善于应对，最后难受的可能是给你小鞋穿的人。当然，如果给你小鞋穿的是你老板，那就要做好卷起铺盖走人的准备了。

不给上司设小鞋的理由

在职场的生态圈里，尽管你对小鞋有切肤之痛，但小鞋这东西，越底层的人接触小鞋的机会可能就越多。究其原因，等你看穿了，其实也很简单。导致上司送小鞋的原因不外乎是下属没有摆正自己的位置，弄得顶头上司尤其是那些心胸狭窄的上司和“武大郎”上司很不高兴，对此耿耿于怀，于是，上司处处给你“使绊子”，或不动声色地给你“穿小鞋”。

上司的成见是一道无形的墙，碰到固执己见、心胸狭窄、容易记仇的上司，你被视为异己后，就很难使他对你改变看法。小鞋一旦穿上，不但难以脱掉，而且还可能接二连三地穿上好几双。

既然人在职场，与小鞋打交道在所难免，作为下属的你不妨学会摆正自己的角色位置，在自己的职位角度上有节制地出力和做人，尽量不给你的上司设陷找到理由，关键要做到不要“四大越位”：

一是场合越位。有些场合，如会见客人、宴会应酬，应适当突出上司。你作为下属，不管上司在不在场，张罗得过于积极，显示上司不够，显示自己太多。

二是表态越位。表态同一定的身份密切相关，不能超越了自己的身份，特别是对带有实质性问题的表态，应该是由上司或上司授权才行，上司没有表态也没有授权，你却抢先表明态度，造成喧宾夺主之势，这会陷上司于被动。

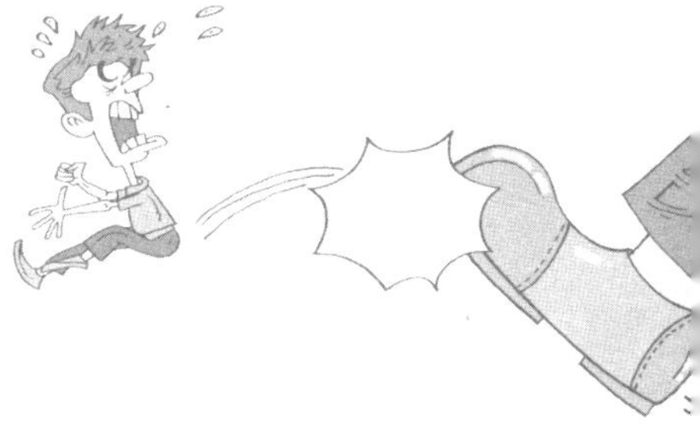

三是决策越位。关于公司和本部门的一些决策，谁做什么样的决策，都是有限制的。有些决策，你作为下属可以参与，但不要“妄言”。

四是工作越位。这里面有时确有几分奥妙，你可能最不明白这一点，自己工作抢着干，上司反而不高兴。实际上有些工作，本来由上司出面更合适，你却抢先去做，从而造成工作越位，费力不讨好。

上面这些越位，都是对上司刺激比较大，会导致上司产生偏离帅位、大权旁落的感觉。因此，上司，尤其是“武大郎”式的上司，往往会把这视为对自己权力的侵犯。如果你时不时犯这样的毛病，上司就会视你为“危险角色”，对你保持一定的警戒，甚至设法来“制裁”你，你就等着穿各式各样的小鞋吧。

记住，你的上司虽不是个鞋匠，他却能做到看都不看你的脚，很快就把专门给你穿、恰到好处的小鞋拿出来，这时候，你叫天天都不应，叫地地也不灵了。

尖头鞋的设套与解法

这种小鞋的头小且非常尖窄，套进去后，让你脚趾挤夹，当你站立或行走时，脚因强制压缩而胀痛。这是你得罪上司后，上司送给你的第一种小鞋版本。简而言之，明知这事做不来，但上司还要你去做。

阿闽是刚进入一家化妆品公司的行政文员，一开始在上司的眼里，她是一个做事利索、其他方面很出众的下属，总部一直想提升她做部门的副职，后因工作上的一个环节，没有请示上司，且事情阿闽也没有做好，就引起了上司的不满，接着阿闽又与同事聊天的一些话，被人添油加醋地传到了上司的耳朵里，引起上司的猜忌。上司决定给阿闽一些厉害看看。

星期一早上一上班，上司就把阿闽叫到办公室，上司很客气，也很严肃地对阿闽说："近来这段工作，你做得很好，这说明你的能力是很强的，很有发展前景，但你还要继续努力，不要太骄傲了。最近有一项任务，公司担心别人做不好，所以决定让你去到各基点把下年的余款追缴一下，任务金额是 25 万。希望你把它做好，从今天开始，你就临时做这份工作，时间为 1 个月。"阿闽虽然明白这是公司追款员的工作，不是自己分内的事，但上司把话说到这份上，也只有遵从了。

过了一个月，阿闽虽然整日在外追款，吃了不少辛苦，但因为各基点与公司之间错综复杂的关系及她与各基点之间又没有很好的人际关系，只收到 5 万元的追款。待月底总结会上，上司很不客气地点名批评了阿闽，

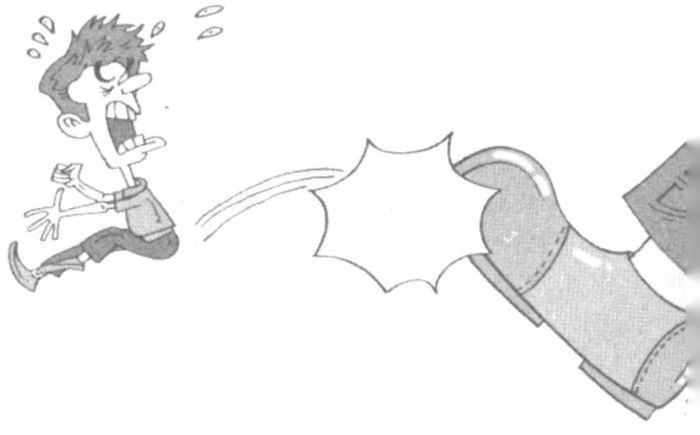

说她没有团队意识，又说工作分工不到家之类的话，最后，还说根据公司规定，扣除了阿闽的当月奖金。可怜的阿闽明知吃了哑巴亏，但也说不出什么。

⊙**解法**

阿闽的最大失误，在于没有及时抓住上司所说和所分配工作的不合理性进行反击。她应该明确自己的职位是行政人员，不是追款员，应向上司含蓄地提出自己的意见，把球再踢给上司，从而使自己由被动转为主动。

在这种情况下，观点越明确，就对她越有利，越含糊则正中上司的下怀。

阿闽可以直接地说：“我到公司来的职位一直是行政文员，所做的工作就在自己的职位范畴内，对追款的业务不甚了解，恐怕胜任不了这项工作，如果现在追款任务紧迫，人手又紧，我也可以努力去做，因为公司的事就是大家的事嘛！只不过我担心自己的业务和各基点的关系不熟，最终影响了绩效。”这样一说，其实就是给自己留有余地了。

或者使用“削足适履”法解套：亲自拿来一把刀子，在自己的脚跟上削上几刀，虽有阵痛，可小鞋毕竟顺利地套上去了。既然小鞋是无可逃避的，想不穿也不可能，何不立即作出幡然悔悟状，表示痛改前非，并乐呵呵地接过来呢？施小鞋者的动机很大程度上是在寻求一种征服感，那么，以上的“削足适履”举动足以让他赏心悦目。因此，面对小鞋时，第一时间表明态度很重要，小鞋既然能够轻易穿上去，当做鞋的人转身离去的时候，大可以轻易将其脱下丢掉。

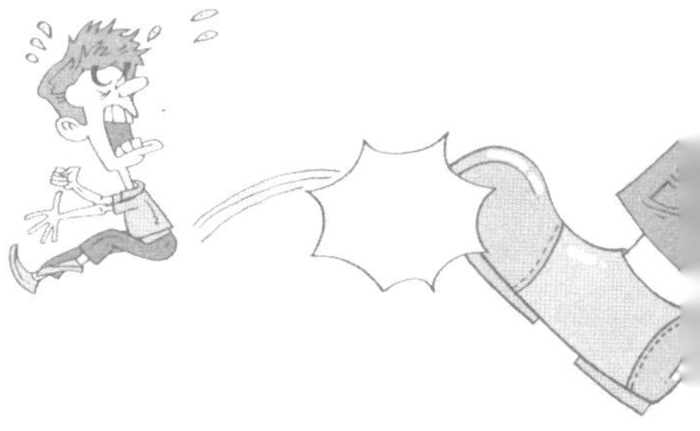

窄口鞋的设套与解法

这是一种鞋口相当窄小的小鞋，看似鞋里有入脚的空间，实质脚是无法伸进去的。这是你得罪上司后上司送给你的第二种小鞋版本，此类小鞋，简言之就是看似能做的事，实际上你无法做得了。

阿虞在一家美国公司市场部任职，前任市场总监辞职后，公司又调来一个新的市场总监阿槟。阿槟性格怪异很难让人与之相处。第一次开月推销计划峰会，阿虞针对阿槟的计划指导材料提出了自己的意见。阿槟极为不快，认为阿虞在这个会议上，存心给自己难看，让自己威信扫地，难以下台。这个新总监决定要杀鸡给猴看，要树立起自己的权威。

散会后，阿槟单独留下了阿虞，对他说：据了解目前西南这片区域的产品隐形市场是很大的，也是公司的空白点，以后这片区域的市场就交给你了，你要好好地展示你的能力，好好发展。阿虞一开始并未介意，也没有过深地去想，只觉得这缺乏基础与条件、缺乏公司支持的事不好做。即使这样，阿虞还是拼命地努力着，等到第二个月的推销计划峰会上，阿槟旧恨新仇涌上心头，他在会上严厉批评阿虞西南市场的开发一个月来无一点绩效，并取消了阿虞当月的津贴，以示处罚，阿虞也只有吃下这“哑巴亏”了。

⊙解法

窄口型小鞋的关键点就是这个窄口，主要把握好两个方面：第一，怎么把窄口撕大，让自己可以进入；第二，就是明确拒绝。

阿虞的错误在于，对以上两个方面都表现得很含糊。既然阿槟不近人情，把西南片市场交给你，你完全可以公开强调这个任务的难度。注意：这里的“强调”除自己之外，没有人会认为你在推卸责任。或者，既然是新的开发计划交给你，就应该是你向上司开出“条件清单”，而不是由上司向你开。这样有了满足或提供所需的条件，操作起来你就会做出绩效。反之，若上司不满足或不能提供给你必要的条件，工作开展不下去或开展不好，那也不全是你的责任，明眼人一看就知道了。上司就是想报复，也得有所顾忌，有所收敛。

或者干脆拒绝。因为阿虞管的市场区域是本地，而且绩效一直很好，突然让你改变与放弃，显然上司别有意图，而且事先并未与你沟通，阿虞完全可以明确地加以拒绝。阿虞还可以背地里与上司真诚地沟通一下，显示自己的诚意与对上司的尊重，如上司一意孤行，阿虞也可陈述理由，向高层反映。

在化解无效的情况下，要想继续干好工作，就得注意绕开双方容易触动的“雷区”。凡事想开点，举重若轻，名利放两旁，工作摆中间。不卑不亢，让上司不易再抓住你的把柄，以免旧鞋未去，新鞋又来。正所谓小不忍则乱大谋，留得青山在，不怕没柴烧。要忍耐、要吃苦，不要有意与上司对抗，使矛盾激化。

但要注意，回避矛盾不是回避工作，不是消极怠工，所有的出发点都是为了把工作做好，从大局出发。这样的话，你才能获得群众乃至更高层的支持，否则，你以此为理由消极怠工，你面对的可能就不只是小鞋了。

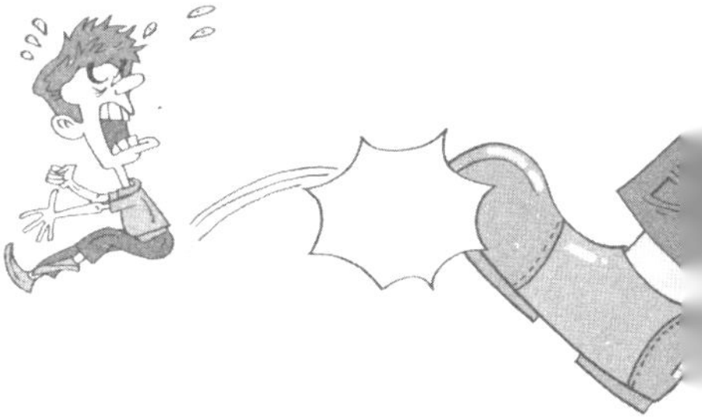

麻底鞋的设套与解法

这种小鞋底有刺，表面很好看，但走着刺脚。这是你得罪上司后，上司送给你的第三种小鞋版本。

阿晴在一家广告公司工作了近三年，一直做美编工作，性格直率、自信，自己的工作能力一直是公司里较强的，故常出言“直线”，不知婉转，久而久之，引起上司的反感。

一日，上司在例会上，抛开预定的议题，大谈特谈阿晴的工作能力及工作责任心如何好又如何强，说得大家如坠云雾之中，阿晴自己也莫名其妙。最后上司宣布一项决定，从即日起，阿晴调到业务部做副主管。

突然“升官”了，同事们逗趣要她请客。为此，阿晴自己也莫名地激动了好长一阵子，认为上司在栽培她。而到业务部之后，她才觉得哪儿有点不对劲，原来，业务部最近的局面非常糟糕，今年的业务水平一直很低，业务部的员工现在只能领取半薪。做美编跟做业务毕竟差别太大，阿晴一点基础都没有，虽整日脚跟不停，电话联系不停，但月终她的业绩还是倒数第一，就拿薪资来说，现在工资只是做美编时的一半。

⊙解法

阿晴遭遇的是“明升暗降”之术，名义上是提拔了你，但暗地里让你一点一点地吃着亏。针对这种情况，她应该多一个思考，就是为什么让我

到业务部去？什么意思？只有这个搞清楚了，症结才能随后解开。

在上司刚宣布自己到业务部时，她即使在会上不好明确表示反对，而在会后，从表面上说也必须到上司的办公室去表示感谢，感谢他的栽培，且向上司自我检讨一下自己在美编工作上的不足及有时没有做好上司交办的任务表示歉意，并同时向上司明确地表示，自己的专长还是在美编这一块，业务部的工作对自己来说一是不熟，二是无兴趣，能否请上司收回命令。如果上司能够意识到你已明白了他的意图，并有自我批评的态度，上司一般会收回成命的。即使暂时不好收回，上司也会考虑到你是美编骨干

的分上，定会找个机会把你调回的。

这也说明，你给上司一个尊重，上司也会还给你一个面子的。从自己这一方来讲，心态先要转到合作上来。有些问题是可以解释清楚的，如果上司还比较豁达，就可以化干戈为玉帛，冰释前嫌。

当然，也要注意解释的时机、场合和方式，一般来说，如果上司心情好，或者是有求于你时，比较容易听进你的话。在方式上，最好采取单独见面，或者找个双方都熟悉、都认可的人作调解人。如果碰到利欲心较重的上司，不妨“出血”，送点礼物给他。通过这些有针对性的举动，小鞋是不难脱下的。

无底鞋的设套与解法

这种是小鞋中的绝版，穿上无底鞋，就说明你与上司的关系岌岌可危了，就差举手“拜拜”了，所以我们把它拿到最后来说。

名牌大学的高材生小禾是一家大公司的行政人员，她经常据此自傲，很不把只有中专文化程度的行政总监放在眼里，平时的工作虽说很认真，很出色，但俩人之间磕磕绊绊的“小摩擦”也是很多的。

小禾怀孕6个多月的一天，上司突然告诉小禾，鉴于她已有身孕，如果还在上班，有碍公司形象，最好回去休息。小禾虽然不太情愿，但一向自信的她也没多想，领完了自己的工资，就回去一心等着生孩子了。然而，半年以后，当小禾生完孩子再来上班时，才发现公司里早没了自己的位置。总监看到小禾，一脸诧异：当初你离开公司时，就已经算辞退了，难道你还不知道吗？不辞退怎么会结算工资呢？可悲的小禾此时才明白自己彻头彻尾穿上了上司的一双无底鞋。

⊙解法

如果所有的办法都已经用了，你的诚意还是感动不了大佛，那么你应该做的是不妨相信自己，哪怕外面找工作的人还多，都应该“走为上策”。翅膀捂得太久了，雄鹰也会变成小鸡，到时候想飞已经不太可能了。与其生活在别人设计的泥沼中，不如去寻找自己的新天地。正所谓树挪死，人

挪活，山重水复疑无路，柳暗花明又一村。

跳槽在一些人看来是一种学习先进、充实自己的合理途径，从生理上讲，长期生活在极度压抑的环境中，心情抑郁，会严重影响健康，而且影响的不只是你一个人，还可能连累你的朋友、家人。所以，趁早走人也是对自己负责的做法。

这个故事里，小禾所遭遇的辞退是不合法的，所以你还得留个心眼。不是“轻轻地我走了正如我轻轻地来”，你应该带着该属于你的工资走才对。

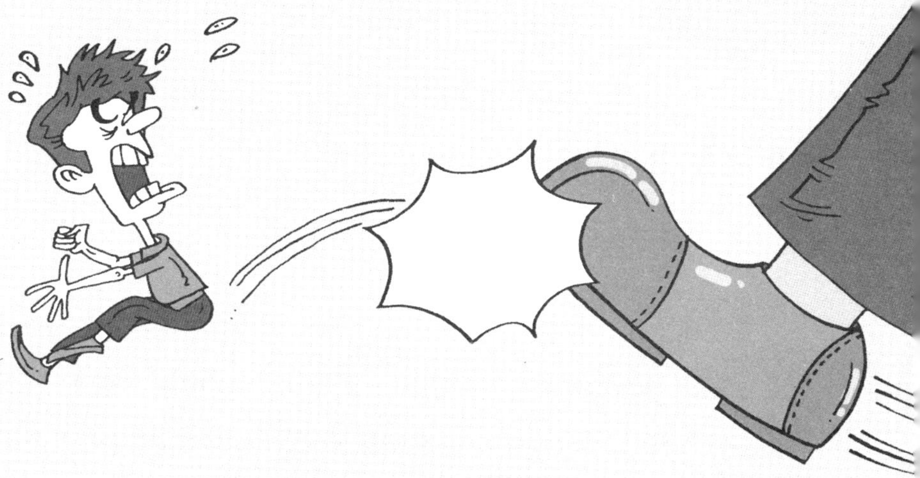

第8章

职场柔道：与N种类型上司过招

平庸型上司

这种上司，你找不到他的坏，但是你也压根找不到他的好，或者说你没办法清楚地描述出他的好来。他整天忙碌得很，貌似一个工作狂的样儿，但年终总结的时候，也没啥亮点可说，自己部门的奖金总是比其他部门的人要少一些。没错，他就是那种平庸型上司。

工作案例

在一个公司工作了 3 年的小郑，最近越来越不开心，因为他遭遇了一个平庸得近乎窝囊的上司。许多同事都在私下暗暗议论说，公司上下打理、进出账，上司样样都离不开小郑，特别是遇到大难题，让属下员工出谋划策后却把功劳占为己有；上司自己云里雾里乱办的事情，办砸了，反过来怪员工不得力。一直没有升职动向的小郑心里常常哀叹，要是我是上司，业绩一定发展得更好。

应对之道

如果你愿意选择温水煮青蛙的生活，平庸上司可以给你这样的机会。在他手下干活，你基本感觉不到工作的压力，但是你也很难感觉到工作的激情，时间长了，还会觉得不对劲，就像青蛙在温水里，虽然同样是在水里，但就是不知道为什么不舒服。

无论如何，面对平庸的上司都不能令人心情舒畅，因为与狼共舞还会

有激情，与猪共舞则是对你的侮辱，如果猪还要对你吆五喝六，可见你的上肢也快触地行走了。即便如此，奉劝那些志存高远、却又面对平庸的上司郁郁不得志之士，千万不要牢骚满腹，因为那样做无济于事，反倒让平庸者增添了成就感。本来你的才能已引起上司的高度警惕，一旦你有“篡位”之心，上司必定会运用权力来压制你，使你不知不觉中丢失许多机会。即使是平庸的上司，他也会有长处。下属是上司工作的助手，如果上司没有被提升，作为下属的你将永居其下。上司有成效，下属才有成效。你想改变他几乎是不可能的。“人在屋檐下，不得不低头”，基本的一条是要学会与其相处，如果你不想和自己过不去，最好就不要和这种上司过不去。

除了安于现状，你还有一个选择，就是择良木而栖，你大可以对这个平庸的上司挥挥手说再见，自行申请调到其他部门，但要考虑到这容易带来后遗症。你调动的理由，甚至是调动行为本身，都成为平静的办公室生活八卦的对象。

知识型上司

他们都是好学之人，所以爱屋及乌，他们也喜欢好学上进的下属，一个懒散、对学习缺乏基本兴趣的人，是很难让他们瞧得起的。当然，他们也很讲究学习的方法，对于死啃书本而不知灵活运用的职员，他们不会喜欢。跟知识型上司共事，你得做到谦虚有礼，因为这是具备较高修养的知识型上司基本的素养，他们基本上不愿自己的下属是个自大狂。

工作案例

担任公司统计员的阿丹上个月交了一份报表，不小心少了一道程序，差点引起两个部门的纠纷。幸亏上司发现得及时，才没有造成重大失误。事后阿丹心里很感激上司，但后来在大会小会上，上司都经常以此事为案例教育其他同事，这让阿丹难堪之余非常委屈，觉得自己不就是犯了一个小错误吗？干吗就这样揪着小辫子不放呢？

应对之道

能在知识型上司手下做事，应该是一件相对幸运的事情。最起码，你将与一个几乎可以做你老师的人朝夕相处，你不仅可以免费地从知识型上司那里学到很多东西，更关键的是，你与他们相处会觉得比较容易，沟通起来也不会太难。

与知识型上司相处时，务必表现出谦逊的态度。当上司下达某项指示

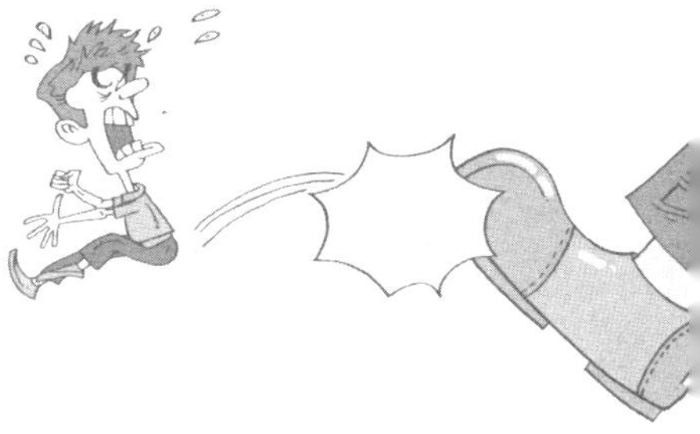

时，要洗耳恭听，不能显得漫不经心，要让他知道你对他的话很看重；绝对不能在上司还没有说完话的时候，就一股脑儿地大谈特谈自己的想法，这样只会引起他的不快。

知识型上司虽然具备较高的修养，但也有他讨厌和反感的人，比如，不愿接受他人批评的人。如果某职员受到批评，像被马蜂叮了一口似的暴跳如雷，这会让他很失望。在他看来，一个优秀、高素质的员工应该在工作中表现出理智，知道哪些事情该做，哪些事情不该做，该做的事情应该做到什么程度为止才好。此外，那些毛手毛脚、比较情绪化的职员也会让他感到头疼，他心里基本上对这种人的职场生涯判了死刑，所以在幸运之余，你还得全面总结一下，看看自己有无知识型上司所反感的地方，最好是跟上节奏，尽快成为一个知识型下属。

模糊型上司

你要是听这种上司布置工作，真会感觉云里雾里，这样做行，那样做也行，以至于前后矛盾，无所适从。做了，说你做错了；没做，说你反应慢。这就是模糊型上司，布置工作总是含糊笼统，工作要求就像四不像，啥都像，但也啥都不像。

工作案例

在一家公司干了几年的阿惠，上司向他下达的任务他总是不太理解，每次当阿惠向上司追问时，上司又是“哼哼哈哈”一通，没有明确的态度，

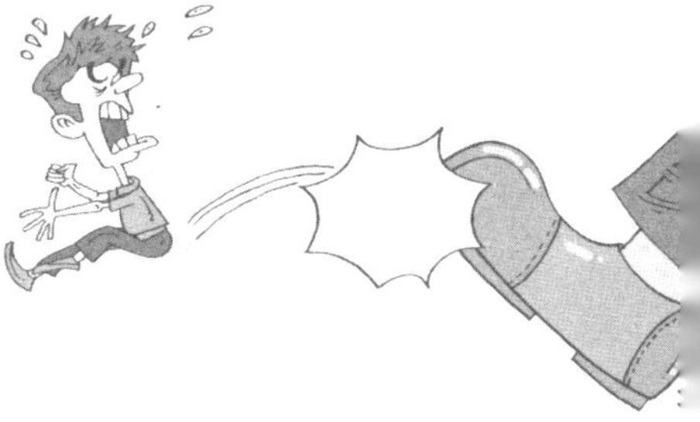

有的只是说“大概就是这样，看着办吧”，于是阿惠就按照自己理解的去做了，结果上司又时常会说：“我要求不是这样的，你弄错了，拿回去重做吧！”阿惠在与他沟通一些事情的时候，他也永远不会给答案，要阿惠自己去找！但是，当找到的答案不是他喜欢的，或者其他部门有意见时，他就会在会议上大声责怪阿惠的不是。几次下来，弄得阿惠心里挺沮丧的。

应对之道

与这种上司交谈，为了避免不必要的麻烦，最好是带个小本本，记录下他所说过的每句话，包括“哼哼哈哈”在内。如果是在接受任务，你记完之后，最好就“哼哼哈哈”那个环节再次征询他的意见，一定要让他吐字清楚，用“是”或者“不是”来回答具体要求、完成时间、人员落实、质量标准、费用预算等重要问题，最后连带这些的回答也记下来，最好是让他签个名，让他核准后再去动手实施。如果每次都将上司讲话的内容记录在案，你的上司再对你下达任务也会变得小心谨慎的。另外，由于你的上司不但重视结果，还比较注重工作过程中的一些细节，有时简直到了吹毛求疵的地步，所以现在你对自己工作中的每一个细节也尽量做到完美，下一次开总结会的时候，当他再次准备否定自己曾经说过的 ABC 的时候，你最好是不动声色掏出那个记录本，让他过过目，以达到恢复他记忆的目的。

马虎型上司

在对待工作的细节方面，你在他面前会深感优越，你甚至会怀疑他是不是大智若愚、干大事不拘小节。也许他就是这么一个人，对上面的文件从不仔细研读，对上级召开的会议也不认真参加，在没有完全理解基本精神的前提下就发表意见，提出看法，或公开传达。对下级的申请、报告、汇报等材料没有仔细看完就定下结论，就签字批示。尽管你无所适从，但他好像比你还困惑，他最清醒的时候，就是出了问题，他总会把责任归咎于你——干吗事前不和我仔细说呢？

工作案例

邵蓝和经理去总部参加工作会议。这个经理以马虎闻名，开会的时候，他要么说说笑笑，要么就是进进出出，反正那心思就没用在开会上。回到公司传达会议精神时，他也有他那一套，干脆拿着会议材料当讲稿，下属提出具体问题时，就支支吾吾的。有人问邵蓝，聪明的邵蓝并没说经理没认真听，也不对问题作具体解释，而是说经理对这些问题也没确定，需过几天才会有答复。邵蓝的这种做法很好地保全了上司的面子，事后，她将员工的问题记录下来，向经理作了汇报和解释。

应对之道

不得不说，邵蓝是一个优秀的秘书。虽然她对其他员工撒了谎，但假

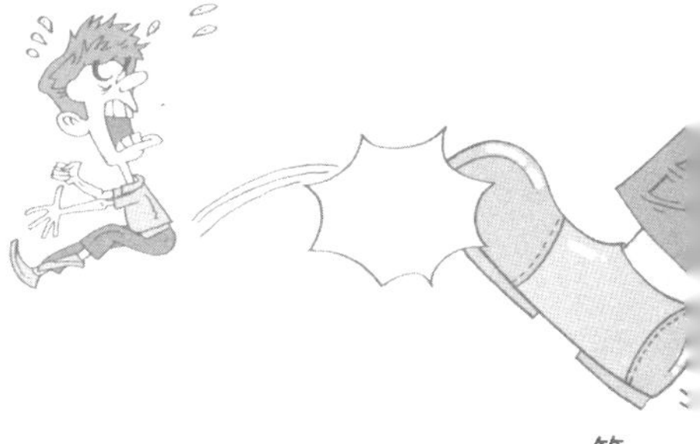

得很到位，利人利己。上司可以马虎，你却千万不能马虎。但是也不能过于清醒，当面指出他的马虎，那无异伤他自尊，这样的人被激怒了，接下来的事情，可能会让你感觉这世界上究竟还有没有公理，做好人也会挨骂。你要找到适当的时机，适当的方法，让他面子十足的同时又意识到自己的马虎之处。当然，如果面对一份很紧急的材料，马虎型上司却漫不经心，把它搁置在脑后，你唯一的办法就是反复申明，多次强调，最好三四个人轮番强调，促使其引起重视，认真对待。

啰唆型上司

说实话，此类上司，谁碰到谁头痛。他像个“管家婆”，说话唠叨，不得要领；他又像唐僧，嘴里总要念叨些什么，无论好也好，坏也好，工作也好，非工作也好，总之他的嘴总也闲不下来。一旦有一天没有人可以唠叨了，他就会觉得好无聊。最郁闷的是，他说话基本不经过大脑，想到哪一出就是哪一出，才不管你下属在想什么。表现在行为上，他还喜欢插手去干预你正在进行的工作，你的苦恼他根本体会不到。他的脸上好像写着“人尽其才，各就其位”，而且在下属心目中，他应该是一个相当开明的人，但其实，他专制没商量，下属只是他获至某个结果的工具，他的意见就是命令。总而言之，这类人都有极强的权力欲和征服感，同时他又是一个谨小慎微的人，唯恐稍有疏漏自己也会受下属的牵连受到责罚。

工作案例

当阿苹接到要开全体大会的通知时，就有强烈的开溜的冲动了，因为她还知道今天的会居然由自己的啰唆上司主持。当啰唆上司拿着厚厚的文件进入会议室时，阿苹的心更是先凉了半截。明明公司的内部网上可以看到，明明办公室有存档可以随便借阅，他就是要全部念一遍。他不嫌浪费唾沫，你就不得不折磨自己的耳朵了。当上司念文件时，阿苹就感觉自己是取经路上的孙悟空，正在被唐僧教育着要听话。

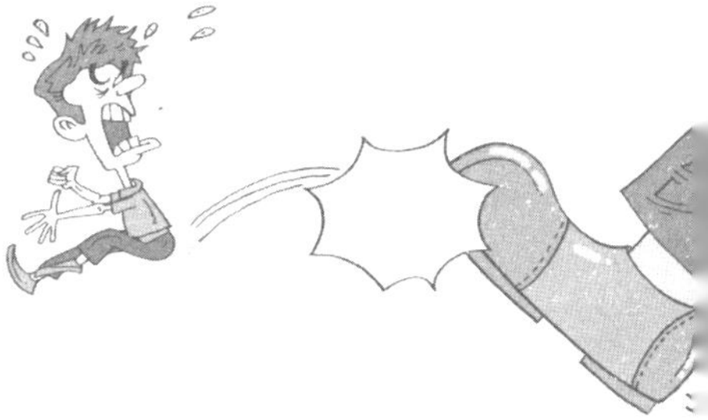

应对之道

跟这样的人共事，精神紧张已经让你很难受了，就更不要奢谈什么成就感了。当然，长期郁闷也不是个办法，你大可以反向思维一下，对方什么事情也要管一管，间接命令你要依从他的指示而行，而工作进行期间，自己难道从中什么也学不到吗？当然，要想在他的唠叨里学一点东西还真不是件容易的事情，你还得武装自己，起码要配备一副万能耳塞，塞满整个耳朵，当他老太婆似的喋喋不休时你依然要保持礼仪，笑容满面点头哈腰地应对。

健忘型上司

遇到啰唆型上司固然会让你头疼，遇到健忘型上司，你头疼之余，还要晕好一阵子，可能是昨天会议上讲过的事情，他今天就能跟你否决了。没办法，他确实记不住，他昨天斩钉截铁地说要按照 A 方案做，但三天后他会将正在执行 A 方案的你猛批一顿，说你怎么没有按 B 方案做。你如果辩驳，他会非常坚决地告诉你，他三天前根本就没提过 A 方案。他就这样，颠三倒四、丢三落四。

工作案例

在一个公司工作了半年的阿丽将上司吩咐的一个报表做完后交给了他。但第二天，他却问阿丽报表去哪里了，一个劲说阿丽压根就没有给他报表，

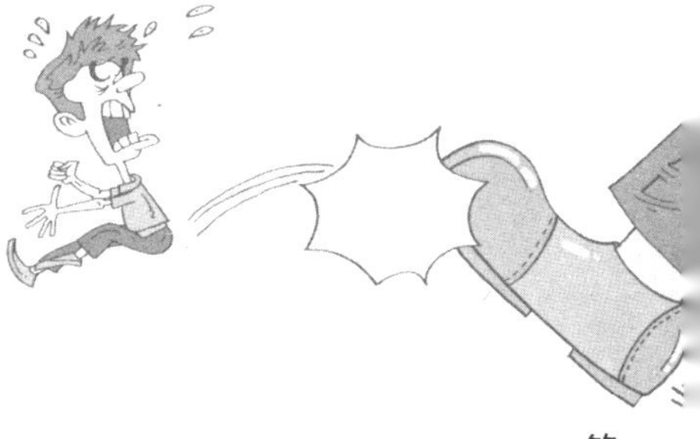

害得阿丽重新做了一遍。还有阿丽给上司的文件的第二天，问上司说："我交上的文件您签字了吗？"上司先是瞪着他那双眼睛茫然了一秒钟，然后便把他的办公桌惊天动地翻了一遍，最后他犹豫了一下，向阿丽摊开两手说："阿丽小姐，我从未见过你的文件。"

应对之道

健忘型上司是个不太好使的鼠标，你最好能把自己变成一个内存。比如，交材料的时候，你可以找一些人一起过去，让同事替你作证，交给他之后，多叮嘱他几遍，加深他的印象。如果接到上级的文件或书面通知，要你们上司参加会议或活动，就把通知直接给他看，并把有关时间、地点、所带物品等要素用他的笔画出来，或者把它写在上司的台历上。如果接到的是电话通知，你最好把具体内容转写成书面通知，直接送交上司，就算他不在办公室，一定要通过有效途径让他确认自己看到通知了。

小气量型上司

自以为是，目光短浅，在蝇头小利上寸步不让，你就尽情想象吧，一切有关小气、吝啬的种种形象都可以用到他身上，碰到这么一位上司，你倒霉都来不及，怎么还可能奢望他能给你很好的机会呢？放心好了，他是那种绝对没上司风度的人，好东西他都自己留着呢，反正斤斤计较就是他做人的重要原则，今朝有酒今朝醉，明天如果有酒，他还希望自己一个人喝。

工作案例

能力出众、性格热情的阿波，因为具备了做销售的种种优点，在公司里经常受到大老板的表扬，甚至还发出了向阿波学习的号召。但让阿波郁郁寡欢的是，阿波的直接上司的态度却越来越古怪了，爱理不理还算客气的，只要阿波出了公司，不管是在拜访客户还是在去拜访客户的路上，甚至在晚上 10 点请客户吃饭的时候都会接到他的“关心”电话：“这个客户联系到哪一步了？他觉得我们公司怎样？他对合同还有什么不满意的？他对价格还有异议吗……”这是让每个销售员都很头疼的事情，但阿波的这个古怪上司好像就喜欢干这事，并且乐此不疲。当公司总经理要选择副总时，每个人都以为是阿波，阿波的上司却让阿波负责一项不可能实现的工作计划，并不断给他施加压力，使阿波被迫调离，让一位平庸之辈接了这个位置，这让众人大跌眼镜。

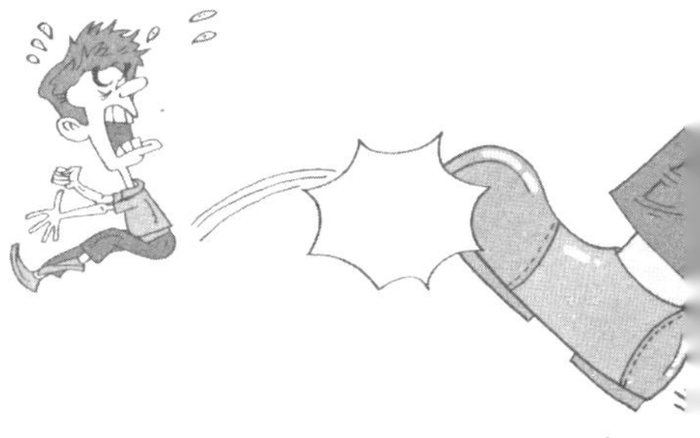

应对之道

碰到这样的小气之人，上班肯定是一场噩梦，当然你还得接受，谁叫你运气这么差呢。头脑比较简单，缺乏深思熟虑的上司，尽管在管理工作中，面对自己的下属，他们或装腔作势，或声色俱厉，或故作大度，或耍一些小聪明，但是他们气量不足、目光短浅的缺点总会暴露出来，这是一切小气型上司的通病。不少事例说明，气量越狭小，能力就越差。了解了这一点，你在与此类上司打交道时，就会有足够的勇气坦然应付。一般来说，只要不是重大的、涉及下属切身利益的事，下属还是应该主动“让”一步。吃亏不是好事，谁也不愿意吃亏。

大多数聪明的人，在一些小事情上，主动让自己吃亏，他们认为这种为自己日后有所发展的“亏”吃得值得。小气的人却很难算透这道用数学也难以计算、用辩证法才能解答的数学题，他们人生的信条就是不能吃亏，哪怕一点蝇头小利也不放过。你不幸遇到他，最好还是抱着要吃亏的准备，否则，你不吃亏，难道让他吃不成？

吃亏不要紧，小鞋更难受。这种人有时候还会故意地冤枉你，甚至做个“小鞋”给你穿穿，你不妨表现得宽容大度一些。如果与其相争，只会越争麻烦越多。以大度对狭小，不搞报复，不搞以牙还牙，这是你跟他打交道的重要原则。还要学聪明一点，就是完成工作后，一定要在人前归功于他，小气的上司，尽管不大可能去喜欢一个谦虚的人，但也不至于讨厌吧。

朝令夕改型上司

你会觉得他是一个很有创意的人，但时间长了，你甚至会怀疑自己的能力，他今天要你干A事，明天要你做B事，总之，他层出不穷的新想法会不断地否决你正在做的事，让你不知所措；反应慢了，他还嫌你“跟不上领导的意图”、“能力不够”，你只能哑巴吃黄连——有苦也说不出。

工作案例

刚进入公司没多久，阿华就被他上司的口才折服了，觉得这位上司肯定是一个很有魄力的人！但时间长了，阿华的这种印象就被颠覆了。有时候，大家正在埋头工作，上司会突然一拍脑门跳起来说：“现在，停止工作，到会议室来！”等大伙莫名其妙地进了会议室，他就开始像困兽一样激烈地来回踱步，边踱边说：“我想到一个好点子，接下来，我们不再做这个方案了，我们要另一个！”大家被他的提议雷住了。这种计划前所未闻，他哪来的想法呀？如果按照新计划，这段时间来，大家加班加点辛苦忙碌的各种文件、报告，就等于全部成了废纸。让人昏倒的是，一个星期之后，新计划有点眉目了，这个口才相当好的上司又提出了新新计划。

应对之道

尽做无用功是一件很沮丧的事情，那简直是在抹杀正常人的智商。跟这样的人在一起做事情，只能落个身心疲惫，还吃力不讨好。如果你还准

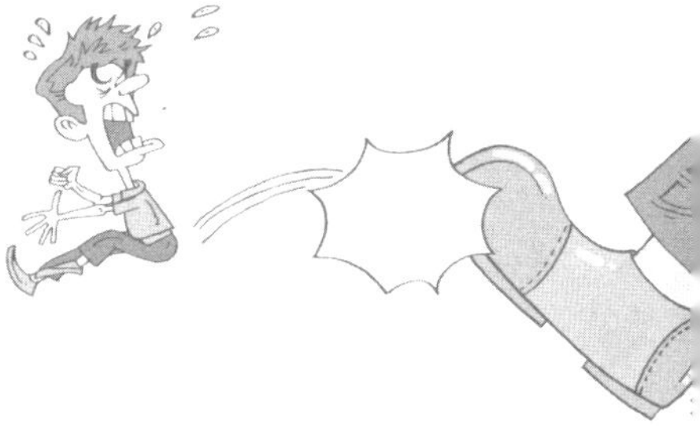

备跟他“混”下去，就不能永远这样“忍声吞气”了，你应该站出来，跟他认真地谈一谈。你大可以告诉他公司上上下下都很忙，但大家忙的都是收拾残局，挖东墙补西墙的事儿，公司的效率如何，请他好好考虑一下。你还可以告诉他，他一天到晚都在提出新药方，他要相信一个根本事实，有些疾病只有时间可以治愈。如果他不是一个创意狂，如果他还想让公司能正常运转下去，估计他还是能认同你的意见，从而作出改善的。

粗鲁型上司

他咆哮的声音会响彻整个办公室，会让你不知所措，脑袋发晕。他有时候确实是为一些小事情暴跳如雷，等雷过雨过，他又能像什么都没发生一样。但有时候，他打雷的原因，是因为明明自己不懂、外行、不擅长，又想装懂、装内行，要显示自己，横插一手，以为有理一定要声高。

工作案例

阿文对自己的工作越来越厌倦了。不是薪水的问题，也不是环境不好，而是对上司越来越失望了。她本来是做销售的，现在成了上司助理，既帮助上司打点一切，还要拉订单，又要搞展会，一大堆的事情，忙得晕头转向。这个以粗鲁闻名的上司还经常以一些小小的失误，动不动就威胁她，说干不好，就让她走人。生性开朗的阿文，就这样非常憋闷地工作着。

应对之道

你尽可以怀疑，如此粗鲁之人怎么能做上司，但没办法，他就是你的上司，所以你得静下来研究研究他。如果有些问题是原则性的，而他的咆哮是没有道理的，你大可以直接阐明观点，或据理力争，或坚持反对；倘是无关大局的一般性问题，你就一个耳朵进，一个耳朵出，不要去跟他发生什么冲突了，他就那么一个思维简单的人，可能他老婆都没办法改变，你就更不可能了。你就想，他做上司的也有压力，你就当是看表演得了，

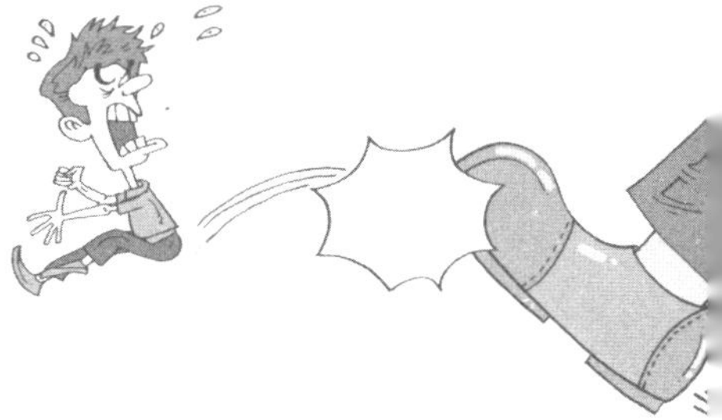

看一个愤怒的男人是怎么愤怒的。等雷声渐远，你不妨平静而肯定地告诉他：“我会注意这情况的。”或：“让我立刻去调查！”然后迅速离开他，他想继续咆哮，估计就只能对着天花板了。

专横型上司

遇到这样的人，你还真得好好修炼自己的承受能力了，他简直就是粗鲁型上司的升级版。在他的心里，所有的下属都是工具，所以什么都是他说了算。一般来说，你只有两个选择，走人，或者按他说的办。他炒人的决定往往就在一瞬间作出来的，他基本不考虑这个位置空了谁来代替的问题，在他的眼里，三条腿的蛤蟆难找，两条腿的求职人多如潮水。他不能容忍任何错误，他坚信没有任何借口，跟他找借口就是找死。他打完雷后，也很难风平浪静，他漆黑的脸，总让你的心里乌云密布。

工作案例

倒霉的阿西碰到了这么一位专横的上司，指手画脚，以教训的口吻与人说话是家常便饭了。阿西递上财务报告时，他先装模作样地翻上几遍，然后审犯人似的质问。“今天下班以前，你一定要把这些工作做完。”上司向阿西提出这种要求。阿西判断当天不可能完成此项，对上司说：“请再多给我一天的时间!”上司十分粗暴地说：“不行，必须今天完成，没有商量的余地，你出去吧。”看到上司近似怒吼的态度时，阿西感到腿都有点发抖，带着畏惧出去了。这样的场景经常在上司和阿西之间上演。

应对之道

这种上司虽然喜欢唯唯诺诺的下属，但事后，他却又会暗暗嘲笑这些

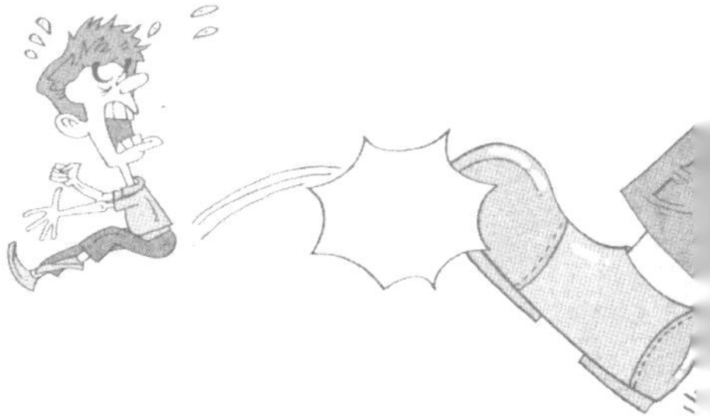

唯命是从的下属是没有骨气的家伙。如果你能反其道而行之，以先礼后兵的态度大大方方地说出正当的理由时，他可能会有眼前一亮的感觉——公司还有这样的家伙呀！他的态度也可能因此会收敛一些。根据他对你的伤害程度，你也可以作出一些相应的抗争表示，但要注意，你必须掌握分寸，点到为止，如果你还不想离开这个公司，最好还是不要过于刺激他。

与他交流，你要注意把握好节奏。比如，当他大发雷霆时，千万不要阻断他的话，也不要立即反驳，最好的对策是先让他把话说完，然后再摆

出反击的姿势加以“攻击”。因为当此类人怒气冲天大发脾气时，若加以阻挡，就等于是火上浇油，只会使事情闹得更僵。所以应该让他把话说完了，而且有疲倦感时，再心平气和地将自己的话表达给他听。还要注意在说话中委婉地运用一些客套话，哪怕你多么心不甘情不愿，觉得多么肉麻，类似“我并不想冒犯您……”、“我不敢冒犯经理您……”这样的话该说还是要说的。如果上面教的方法都用完了，他还是没有丝毫的改变，那你就要做走人的准备了，因为工作不是天天来挨骂的。

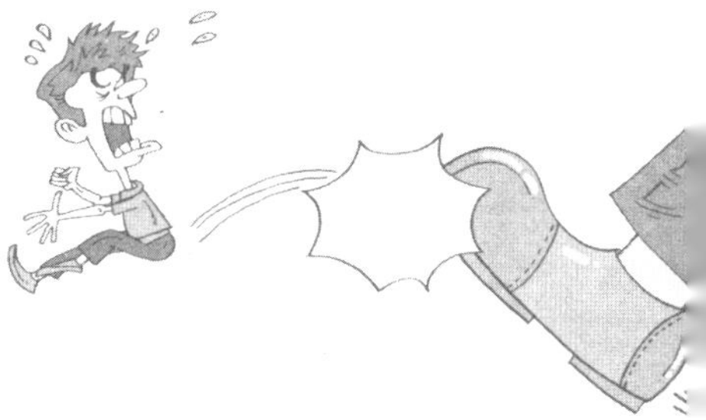

极权型上司

极权型上司是专横型上司的升级版。他对权力的追求夸大、强化到了病态的地步。他的内心存在无限膨胀的权力欲，由于凌驾于他人之上是个隐秘的目标，它只能悄悄地在心中生长，在行动时还必须隐藏在友好面具的后面，这又让他的内心充满矛盾。为了争取更大的权力，他显得迫不及待、缺乏耐性，经常情不自禁，而很少顾及他人；另一方面，为夸大了的凌驾于他人之上的这个目标，做出了夸大的行为。他又是一个征服欲极强的人，所以他对优秀的人，往往带着很强的敌意。

工作案例

勤奋的阿正最近在考虑是不是该跳槽了。他那个极权型上司已经出离了他善良的心灵所能承受的范围之内，除了对工作总是吹毛求疵之外，他还不准阿正跟其他部门的同事交往，不准阿正下班后去上英文课，甚至连阿正与其他同事业余一起游玩都在他的禁止之列。

应对之道

你得学会冥想，让自己的灵魂神游，让自己的精神放松。在这个过程中，你才能完成一次理解和包容之旅，理解你自己，宽容你的上司。遇到极权型的人，基本都是秀才遇到兵，强烈的挫败感是最正常不过的事情。或者你还可以阿 Q 一点，从消极中发现积极的东西，比如，上司“极权”的表面是不是对你的点拨呢？他控制的背后，是不是在教你工作的方法及办公室的潜规则呢？

工作狂型上司

他是工作热情的信徒，他的身上安装着一台永动机，每天工作不超过12小时他就浑身不自在。他不知道什么叫“周末”，更没有节假日的概念，他也不知道家为何物。他的家是一个有床的办公地点，而办公室，随时可以成为工作没有完成时躺倒睡觉的“家”；对于工作，他可以说是已经到了一种痴迷状态，一旦离开了工作，就会精神颓萎，毫无生气，陷入无所事事的状态。工作即生活、生活即工作就是他的典型写照。

工作案例

阿婕现在准时下班都不好意思了，她那个工作狂上司基本上都是深夜1点之后离开公司的，尽管自己的工作做完了，可上司办公室的灯还亮着，走还是不走成为她每天都反复思考的问题。这样时间长了，阿婕的工作日的80%以上，都不要想按时下班，并渐渐地适应披星戴月、哈欠连天的回家之路。即使哪天正常休息，阿婕的手机也常常在休息日执著地狂响。阿婕要是关机，或者置之不理，家里的座机就会响得一往无前，拿起话筒，里面会传来上司友好的问候：怎么不接电话啊？接下来，当然是一大堆客客气气要你“抽时间”再做做的事。阿婕把自己转得像一只永不停歇的陀螺，身不由己，习惯着上司的习惯，癫狂着他的癫狂。阿婕有时累死累活，把10天的活儿在5天内赶完，但等着她的绝不是5天的清闲日子。上司总

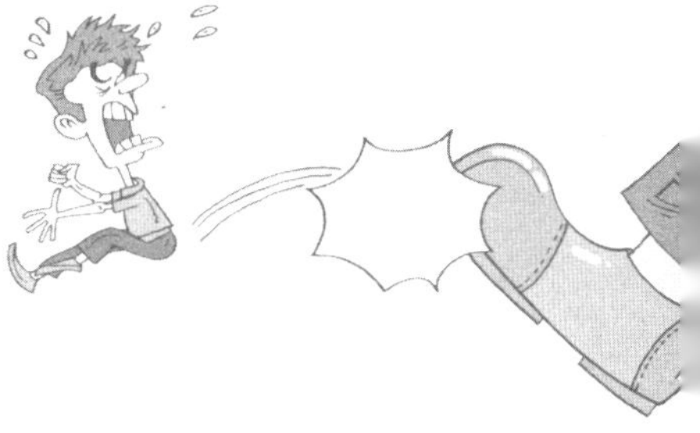

是会在第一时间备好另一个10天的工作量。阿婕后来都不敢问上司还有什么工作安排，因为上司的口头语是：事儿多着呢。阿婕常常在心底呐喊："天哪，我该怎么办？"

应对之道

对老板而言，有这样的人做下属，他算是捡了大便宜了，谁不希望自己手下个个都是"劳模"呀？但是，做"劳模"的下属，你都快成"烈士"了。对付这种上司，概括起来就是两个字"卖命"。你要拼命工作，然后用无怨无悔的态度去面对他，总而言之，你要认认真真、一丝不苟、鞠躬尽瘁、死而后已，这样他也许就会被你感动了。只要交出的活儿好，他才不管你是黑猫白猫，哪怕是周末或者节假日，但你基本上不要有这种概念了。当然，跟这种人在一起做事，起码会让你领悟到什么叫敬业，尽管有些变态。

偏执狂型上司

他是一个很坚持自己原则的人，基本上没有人能突破他的原则，只有按照他的原则办事情，他才可能顺心如意。所以他又是一个彻底枯燥乏味的迂夫子，由于坚持自己所谓的原则而不求变通，常囿于固定观念，对事情的看法无法脱离既定的模式。比如决定新方案时相当“慎重”，拘泥于形式化，难题一旦无法解决，下属就做好挨骂的准备。他基本只相信自己，不信任任何人，所以使得与他们合作十分不愉快，甚至很困难。由于平常内心已经积愤过多，所以工作中若与他人争执，对方采取强硬手段时，会变得非常狂暴，并且很可能给对方造成极大的伤害，使人际关系恶劣。经年累月地压抑自己情绪的“偏执狂”，会导致他每天都会失去理智地乱发脾气。当然，他的偏执也是有选择的，他从来就不敢对自己的上司说半个“不”字，这样一来，做他的下属就更倒霉了，他所积累的“屈辱”就会转化成无尽的愤怒，下属就成了理所当然的发泄对象。

工作案例

阿云越来越觉得这班没法上了，整天提心吊胆，郁郁寡欢，这一切来自那偏执狂女上司。这位女上司坚持把所有的文件都用大号文件夹来装订；坚持做 PPT 的时候，所有的数字都要放在右边，文字在左边；坚持输入英文的时候用“Arial”字体，中文不用能“宋体”；刚复印好还残留余热的文

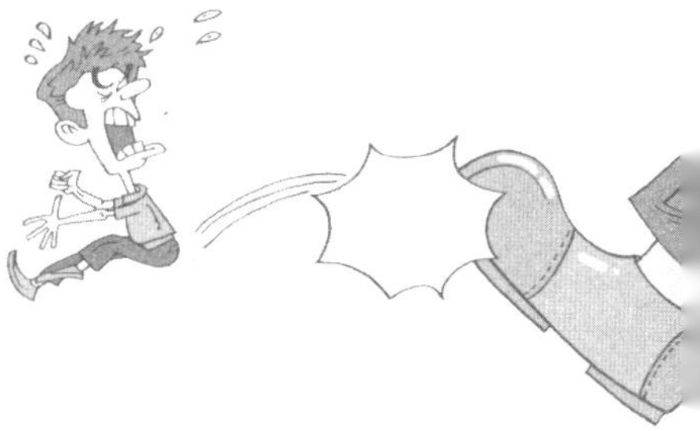

件不能交到她手上……但是，她从来不会开诚布公地告诉阿云这些细节，反正当阿云出错的时候，她马上会毫不留情地责备她，暴怒的时候甚至大量使用侮辱性的语言。一次，当公关费超出预算而准备向上司呈报时，阿云在所上呈的发票上附上一张写有“接待的客人个个是酒仙……”的便条纸，结果引起了上司的勃然大怒。还有一次，阿云为了缓和与上司的关系，奉承地说：“经理！我觉得您好像电视上那个……”这下激得女上司生气地说：“什么？你再说一次看看！你竟敢把我同那种丑女相提并论！”

更过分的是，在其他同事面前，她常毫不顾忌地抱怨阿云素质如何低下，竞争意识和服务意识都非常差，以此来标榜自己是一个有身份、有地位的人，如果有人对她有稍微一点的怠慢，她会马上大发雷霆。这样的日子仅仅四个月，阿云不得不在下班后在各类招聘网站上疯狂投简历了。

应对之道

如果我们从心理学的角度来看，偏执狂的形成实际上来自自己深切的不安全感。对于自己认为不符合传统模式的行为，会产生极度的反感。偏执狂的人其实也是一个很不幸的人，他基本没办法直接表达自己的需要和喜好，只能表达自己的愤怒。愤怒于人于己都是一种伤害，所以你应该同情他，这是一个不幸的人，他整天在惩罚自己。同情之余，你不妨让自己

心平气和地面对，忽略他的责备，做好本职工作。你还可以多观察他的习惯，然后满足他的需要。这样一方面能缓解和他的冲突，另一方面，在你的影响下，他可能会慢慢发生一些改变的。最后，可以在合适的时机告诉他自己的需要和习惯，平静不带负性情绪地表达自己的意见。当然，无论你怎么心平气和，常常与这样的人在一起，也是对你的伤害，所以你还需要一些支持，比如找找好朋友作一些心理宣泄，或开骂一下这个偏执狂。

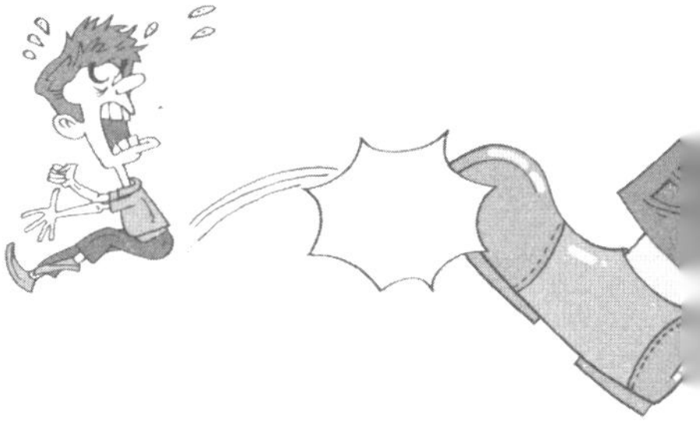

悖德狂型上司

如果说偏执狂等类型的人是性格上的缺陷而已，那么潜伏于写字楼中的“悖德狂”上司（老板），确实是一群失去道德的人。他们外表迷人，初次相识给人很好的印象，能帮助别人消除顾虑、解决困难。但他们对他人不存在任何信义，对任何人都不忠实，无后悔之心，也无羞耻之感；做事无论大小，都无责任感；叙述事实真相时态度随便；即使谎言被识破也是泰然自若。简单来说，这些人就是心理失衡、变态，从而极容易无视社会道德存在。尤其是对女性而言，他们猎取的目标往往不但在于“色”，他们更关注这个女人能为自己换来多少财，他们是令人唾弃的，又是令人恐惧的。当然，这样的人也是极其典型的，并非广泛存在的。

工作案例

阿雨的上司就是这么一个人。这个年轻有为的上司进公司不过几年的时间，就拥有了十多处休闲场所，还经营高尔夫球练习场、保龄球场、溜冰场以及好几个避暑山庄，在业界成为传奇性的人物。真的有这么神吗？不是的，这个传奇的光环后面还有许多见不得阳光的勾当。庞大的遗产是他事业发展的后盾，而通过婚姻则让他获得了不竭的发展动力，四次婚姻都是如此，屡试不爽。

他的做法是，每次都是先使女方掉入陷阱，再以巧妙的手段使女方的

父亲，将庞大的财产投资在他所属的不动产公司，当他认为诈骗得差不多时，便暗中命令心腹部下勾引自己的妻子，让其上钩，最后胁迫富有的岳父，使自己得到财产。由于他的陷阱布置得实在是太精密了，所以，社会大众根本看不出他的阴谋诡计，反而把他视为受害者，一味地怪罪女方。当对方尚有利用价值时，他会尽量地利用，甚至于连“骨髓”也要吸尽才会满意；但当对方已经毫无利用价值时，便会毫不依恋地将其一脚踢开。

应对之道

如果不是因为穷到连粥都没得喝的，最好还是远离这种垃圾上司。诈财骗色，精于玩弄女性，手段则极其阴险，哪里还有点人味呢？若从案例表面上看，你可能觉得那些女性真是傻瓜透顶。事实上，故事中的女主人公如果换成是你，你没有对策的话也很可能是“当局者迷”！没有哪个人会在自己脸上贴上“我是坏人”的标签，不管你是女性还是男性都要找到保护自己的“武器”才行。如果你了解到他是这种人，就应该小心谨慎地应付，必须认识到随时有发生危险的可能，不可掉以轻心。如果一不小心中招，借助第三者的力量，尤其是借助法律的力量是最有效的办法。总的来说，对这种人，没必要跟他有什么温情脉脉、心平气和了，他是非常之人，用人的规则来跟他打交道显得你迂腐透顶，更别想感化他了。

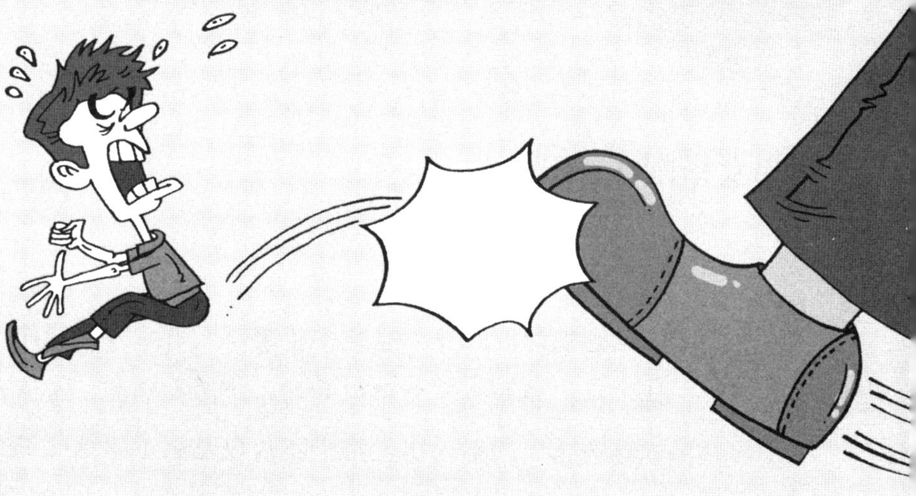

第9章

磁场原理：与异性上司的恰恰舞

男女搭配多滋味

男女的话题貌似很八卦，但N多年来，一直为人所津津乐道，尤其是男女要一块干活，总少不了要调侃两句，“男女搭配，干活不累”已经成为经典的职场谚语。当然，男女搭配不仅仅是累不累这么简单，由此而引发的各类话题也是盛久不衰，比如办公室飞吻呀、办公室性骚扰呀，这些问题都进入了道德家和法学家的观察范围了。如今的职场，男下属女上司，女下属男上司，这些搭配已经见怪不怪，人各有不同，所以男女搭配滋味也很多。

多数情况而言，职场中的上司都是男性为主，那么女下属想获得提升，必须先过他们这一关。在一个女员工众多的环境里，男上司眼中的你是怎么样的呢？你凭什么才能升职呢？你的哪些行为被他们称赞？哪些行为会让他们把你列入“黑名单”？在女下属心里，似乎也很难把握该以何种姿态与男上司相处……

所以，职场男女配，并非看上去那么美。有时，搞不好还会有八卦传闻不绝于耳。在一家医药公司做医药代表的华子平时是个很谨小慎微的人，工作很卖力，业绩也一直排在公司的前列，顶头上司、销售部章经理非常欣赏她。一次她碰上了一个对公司来说相当重要的国外大客户，她一遍又一遍地研究对方的资料弱点，用自己的认真和敬业感化对方，几个回合打下来，谈判终于成功了。章经理很高兴，邀请华子出去吃饭，以资鼓励。

从那以后，章经理常常请华子泡酒吧，打保龄球、桌球、壁球，多半借口是庆祝她的出色表现和业绩。有时华子并不想去，但看到他那诚恳的眼神，又想想他是自己的上级，就不好意思拒绝。而章经理也每次出差都为她带回些别致的小礼物，这当然逃不过外人的眼睛。

时间长了，关于华子和章经理的点点韵事，成为办公室的“路透社”新闻了。章经理听后淡淡一笑，华子却苦恼不已：相恋两年的男友因为华子时常晚归和失约，后又听到传闻，揣测好强的华子一定是利用了上司才做出那骄人的成绩的。华子怎么解释他也听不进去，关系出现了危机。

与上司像朋友一样相处是很多人的愿望，但这基本是一种愿望，尤其是在异性之间。所谓上下级的关系，已经决定了你们不可能如同朋友那样亲密无间，无形的敬畏和恭维成为你们之间无法跨越的鸿沟。至于男女之间，如果频频出现在一些非工作场合，这是一件值得警惕的现象，正所谓日久生情。至于家里那位怀疑，实在太正常不过了，没有谁希望自己的女朋友下了班还经常和男上司在酒吧里对工作业绩表示庆祝。

与异性上司的距离宽度

大哲学家叔本华曾对人类相处的境况作过一个绝妙的比喻。他认为，人与人之间的关系，就像冬天里的一群豪猪，由于寒冷，它们之间拼命地聚集在一起得以保持温暖。同时，它们之间又必须保持一定的距离，因为如果凑得太近的话，豪猪身上的刺就会最终造成彼此的伤害。人与人之间的关系的确就是这么微妙，既要相互依赖，又要保持各自的相对独立性。这个比喻还暗示我们，距离感是人际关系中最根本的法则之一。

身在职场，同性之间的距离都十分讲究，异性之间距离的宽度，更值得研究一番。比方说，每个上司都有自己独立的办公室，这个办公室由上司独自使用，因此也会带上几分个人空间的色彩。所以，不管男性还是女性下属，在与上司接触时，需要注意保持彼此的距离感。再优秀的人也是普通人，有才华横溢的一面，也有平淡无奇的一面，距离可以让你在上司眼里显得更完美。

在正常的人与人的交往过程中，恰到好处的生理距离是交往效果的决定分子。特别是男女之间的交往存在着暧昧的潜在可能性，对此更应加以注意。生理距离不恰当，哪怕是一个眼神，都会引起不当的心理活动。

有这样一个女下属，一心想讨好上司，并且很爱向别人炫耀自己与上司的关系如何如何之好，企图以此来提高自己在单位中的地位。一次，单位组织全体职员去春游。一上车，这位女下属就捷足先登，坐在了男上司的身边。一路上，她与上司谈笑风生，显得亲密无间，根本不在乎周围同事的看法。到达目的地后，她更是与上司形影相随。上司走到哪里，她就跟到哪里，还时不时地对上司大献殷勤。于是，春游之后，大家都不无讽刺地称她为“上司新蜜”。

这种故意在众人面前缩短她与上司之间距离的做法，实在没有任何高明之处。如果说她也有所收获的话，那就是获得了一个坏的名声。公共场

合是一个讲究礼仪、分寸的地方，大家更应按照既定的社会交往规则所规定的距离处理人与人之间的关系。在这样的地方不避嫌，还刻意去渲染与上司的特殊关系，这种女下属如果不是那种我行我素、独立特行成性，那就应该是缺根弦。

有一位女士，家离其上司的家非常近，有时为了工作上的事，她就直接去上司的家里面谈。因为他们谈的都是有关工作的事，加之这位女士坚信“身正不怕影子歪”，所以就对彼此的距离问题未作太多的考虑。

然而时间一长，这位上司的夫人就起了疑心，认为他们之间肯定有什么不可告人的秘密，还同自己的丈夫吵过好几次，一时间搞得满城风雨。许多人认为是“无风不起浪”，各种谣传纷起，同事们也持怀疑甚至是鄙视的态度，这位女士在单位的处境相当艰难。“外患”必引起“内忧”，这位女士的家庭关系也因为风言风语弄得相当紧张。上司是一个注重事业的人，不愿在这些问题上跌跤，开始主动疏远她，重要工作不交给她做，增资奖励没她的份儿，这更使得这位女士的处境举步维艰。

应该说，这位女士并没有什么不正当的想法和企图，只是因为她不注意保持与上司的距离，才造成不良的社会后果，使自己受到了不应有的伤害。刻意去拉近与异性上司的距离，除会给你带来一点小小的利益外，更多的是别人的鄙视与嘲笑。

工作上的事情，当然要在工作的地方谈，如果到家里谈，那让人嚼舌根也太正常了。家是一个人的生活空间，它并不是一个工作场合。在一位异性家里谈工作，往往意味着某一方面或双方愿意使彼此的工作友谊更进一步，上升到私人友谊甚至是更密切些。下属轻易地去异性上司家里，一是超越了正常工作关系的人际距离，容易让上司误会，以为你在有意靠近他；二是容易给心术不正的上司创造实现不良企图的机会，出现种种问题。上面例子中的这位女士还算是遇到了身正的上司，要不还真说不清了。

异性上司的和谐板块

工作一直很努力的你，却一直都没有成为办公室里的当红“炸子鸡”，但有些人貌似松松垮垮的，风头却比你还劲，这让你心里很不舒服。说白了，你这种不舒服就是嫉妒。人在职场，嫉妒都是无用的。不妨转变一下思路，做到与异性上司和谐共处。

如果是女性下属一定要注意自己言行的分寸，不要随随便便去谈那些不太适宜的话题，也不要在说话时故意搔首弄姿。有些女性在谈话中，或大笑不止，或眉来眼去，这些都会让人反感或引起误会。

年轻异性与上司去娱乐场所是不适宜的，特别是当你的上司已经有夫人或丈夫以后。因为这种交往已超越了上下级之间工作交往的范围，并且容易出问题。首先，上司决不会无目的地请你一起去跳舞或喝咖啡。此时，他（她）更应待在家里与妻子或丈夫一起，而不是与另一位异性在外面寻找欢作乐。

而且，所谓娱乐场所就是图个娱乐，你跟上司在那里算什么呀，那种气氛暧昧的地方，再加上浪漫的音乐，势必会产生不好的心理暗示，背离正常的交往范围。再者，没有第三人在场，就很难形成一种制约，把握不好就容易突破正常的交往距离，不利于异性下属保护自己，使彼此的交往处于一种正常状态。

还有些女孩子，一个人在外地打拼，初到一个新的职场环境，人生地

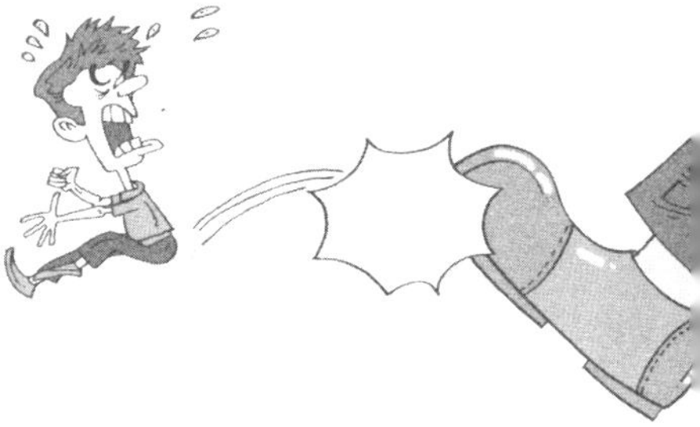

疏，有时会产生一种孤独感。因为朋友不多，竟然把具有成熟男人魅力的上司作为倾诉的对象，并用一种忧郁和善感的情态，想求得理解和同情，这其实是冒着很大风险的。品行正常的上司会认为你是弱者，对不那么正派的上司来说，往往会诱发他的邪念，以为你需要他的特别关照，他一旦想歪了，麻烦也就来了。

跟男朋友在一起，你无论怎么样做小女人姿态，讨好和顺从，都是热恋的表现，但上司才不跟你热恋呢！要是还这样，即使人格受到侵犯，也毫无反击的勇气，厄运就如同“多米诺骨牌”，你的自尊会被一点一点地蚕食掉。顺从不能代表你有亲和力，你要做的是让上司感叹，这丫头挺有主见的！

赢得男上司的印象分

不管你承不承认，任何人的目光在漂亮而年轻的女性身上停留的时间相对还是要长一些的。但相貌的作用不是绝对的，没有内在的良好素质和真才实学，顶多不过是一个“花瓶”式的人物，让人觉得庸俗、肤浅、没有头脑。如果你连一般的工作业绩都达不到，你只能招来上司的不满和批评，相貌并不能帮助你。对于一个务实的上司而言，他要找的是一个能干事、出业绩的人。

然而，欲赢得上司的赏识，聪明的办法是，充分发挥女性的优势，扬长避短，用优雅的外表、细致而认真的态度以及一些女性处世的小技巧来打动上司，给自己的形象加分。

就工作化妆来说，非常忌讳怪诞或过分的新潮。比如颜色怪诞的唇膏、奇形怪状的发型、夸张的描眉画眼乃至五颜六色的染发都不适合工作场所，相反会让人觉得你性格怪异，爱走极端。这自然不会让上司感到舒服。

而年轻女性整洁、别致的穿着，会给上司带来赏心悦目之感，使上司感到你内在的优秀。相反，如果穿着不得体，则会给上司留下不好的印象，从而影响他对你的全面认识。

年轻女性应注意培养自己的气质，美好的气质会淡化你相貌、体形上的不足，增加你的内在魅力，从而赢得上司的尊重和欣赏。气质是一个人综合素质的反映，气质更具有征服人心的持久力量，有水平的上司往往依

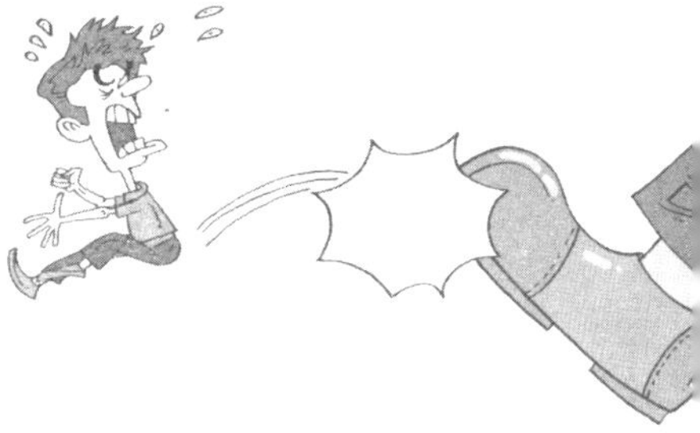

照内在气质而非外在相貌来评判自己的下属。

细致周到、善解人意是女性最大的优点，也是最吸引男士的地方。同样，也为上司所喜欢。因为它既体现了对人的关怀，使上下级之间充满了人情味儿，又能体现出你对工作认真负责的态度，所以，不失为一个讨人喜欢的妙法。它像涓涓细流，无声无息却又是潜移默化地滋润着上司的心，使他对你充满了赞赏之情。

对年轻女性来说，偶尔流露出一点儿小女儿娇态，有时会比千言万语更为有效。毕竟，到了当上司的这种年龄，差不多都有了自己的子女，有的可能比自己的下属年龄还大。小女儿娇态很容易让上司生出慈爱怜悯之心，生出更多的爱护和宽容。不过，要提醒注意的是，亲昵不应超过男女正常关系的限度，否则被一些敏感而自作多情的男上司当作是暗示就麻烦了。

不得不说，女性崇敬的目光是男人前进的动力。那简直就是无言的嘉奖，也是千金难买的肯定，尤其是对男上司来说，一个女下属轻轻一句赞美胜过 10 个男下属的恭维，因为这是对他同时作为男人和上司的权威的一种最美妙的诠释。上司高兴了，你的工作也就好开展，获得较高的印象分自然不在话下。

上司的那点小意思

而今“情人”这个词可谓耳熟能详，大家谈论起来都不用遮遮掩掩了。但有一种情人是坚决不能做的，那就是上司的情人，特别是有家室的上司。女性下属时常在某一个情人节，面红耳赤地收到上司送的玫瑰，有那么一点小“意思”。这是一些男性上司俘获女性下属的一些惯用手法，花样很多，而且手法老到。

阿晴就遇到了这种麻烦。她的上司是外地人，妻子和孩子都在老家，这个与妻儿两地分居的上司经常主动提出开车送她回家，有时候还会请她吃饭，偶尔也会向她表示点意思。阿晴心里开始打鼓：她的上司不会送其他员工回家，也不会请其他员工吃饭，不知道一个人在外的上司是不是在向她示爱，如果回避和拒绝她又担心自己会不会得罪上司。阿晴受的教育是完全不能接受这样的事情的，她虽觉得自己对上司还是有些爱慕，可心里当然是不想做他的情人的。碰巧今年的经济危机公司裁员，合同到期的不再续签了，阿晴属于其中之一，上司就暗示过她，阿晴当然装不懂，能躲就躲。阿晴又不善于和男人周旋，说辞职吧，现在找工作真的好难，阿晴不知道应该怎么办。

一个男人能做到上司或者是老板，一般都有其独特的一面，有能力、有魅力，再加上金钱和权力的关系，作为女下属的极易受到引诱，感情由崇敬转向爱慕。这是很多女下属的通病，但是，这种爱慕通常以悲剧结束，

因为没有上司会因情人而抛弃自己的家庭。以情相笼、以利相诱、以权相逼、言语挑逗是上司诱惑女下属的几种惯用技法。

很多女孩子，尤其是单身、对爱情还存在幻想的女孩子而言，很容易将上司那种狼外婆一样的关心当作是一种爱，在不知不觉中被爱所迷，到最后醒悟过来才知那只是一种幻觉。事实证明，幻觉是能害死人的。

上司的那点攻防术

上司追求女下属的标准套路，首先是痛说家庭悲惨史，说出来的话，都是一模一样的：“我和老婆之间没有真正的感情；我过得好痛苦；是你让我重新找到了生活的乐趣；是你让我重新拥有爱的勇气……”以上这些独白，基本上是众多上司在追求女下属时的模式。其实，当上司说“我爱你”时，相当于“我需要你”；有些女下属往往一激动，就当作浪漫的誓言了。如果说上司的誓言多少总有一些因为没有考验的机会而不被戳穿，那么，你千万别当真，商场的变化莫测和上司心态的变化无常会使得这些许诺遥遥无期，兑现无望。

台商阿贵在内地投资建立了一家公司。他通过权力所能带来的利益施加引诱，通过权力所能带来的惩罚性相威逼，使他的女秘书阿燕终于落入他的花网了。阿贵已有家室，但阿燕不听朋友的劝告，一意孤行，坚持和阿贵保持情人关系。时间一长，阿贵对她渐渐失去兴趣，同时为了顾及形象问题，他开始考虑终止这种关系。阿贵深知要想直接开口是很难办到的，于是采取了迂回的战术。阿贵先找个借口回到台湾，然后来电说辞去总经理一职由另一个人担任。结果，这位新任上司在就职的第二天便把阿燕给辞退了。

可怜的阿燕欲哭无泪，打阿贵的手机，根本打不通，因为电话已停机。更不可能到台湾去找人，只好自食苦果。过了一段时间之后，台商从台湾

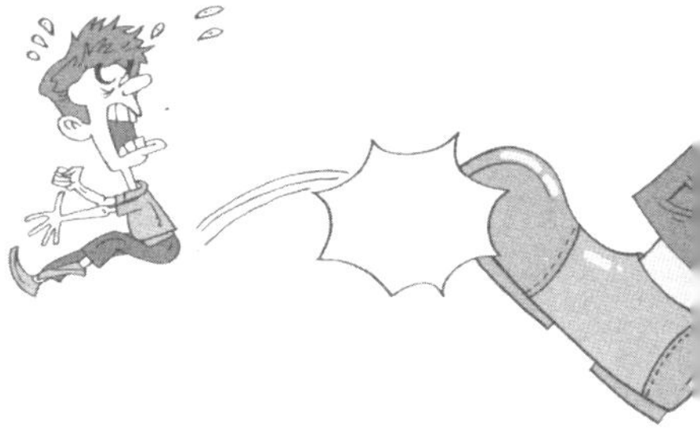

回来，又重新当起总经理。

聪明的下属应该把老板的诺言当作吹泡泡糖，眼里千万不要放射着一派痴情和期待的光芒。即使你遇到了一个才华横溢、风度翩翩、腰缠万贯的上司，千万记住，这不是从天上掉下来的白马王子，如果他的人品还不过关，他的财力和魅力有可能成为他游戏的资本，连同风度也会成为他作秀的表演。你要是深陷其中，只能说，这个世界上又将多一个自怨自艾的痴情女子了。

拒“色”抗体的产生

职场里一些手握权力棒、心怀花花肠、两眼常绿绿的上司都从不把外花当红灯，他们多半了解当金钱被套上成功的光环后，人对金钱的迷恋越发理直气壮，尤其是女人。虽说老板或上司的钱和大款的钱本质上没什么两样，但对职场女人，前者似乎更具魅力。如果你让一个职场女人傍大款，她唯恐沾上暴发户的低俗；如果你让她追老板或上司，她理所当然地认为恋老板或上司更高雅，也更体面。这恰恰是女孩子的情感软肋，与上司的关系会发展到怎样的情况完全取决于自己对上司的态度。有些女孩子一心一意认为上司或者老板就是自己心目中的那个白马王子；有些女孩子在职场中则明白无欲乃刚的道理，以平常心对待自己的工作，凭本事做人，而不是凭关系做人，不奢望不属于自己的东西，也就不失去原本属于女性的尊严，自然形成了“色”抗体。

对上司充满“色”的诱惑，婉拒的方式也是多种多样的，它充分地反映了一个人的聪明才智与处世技巧。正所谓做不了情人做朋友，做不了朋友也还是可以做个好同事的。明智的上司，当他认识到你无心与他相好，同时又给了他很大的面子和台阶时，他自然会“顺坡下驴”，知趣而退。上司作为你的上级自然有权要求你留下来与其谈话，但是你同样也可找出理由来拒绝他。

有一位经理对公司的女文员爱慕已久。一天下班时，他特意把她留下来“谈心”。

经理：“请坐下，我们谈谈。”

文员：“谈什么呢？”

经理：“谈事业和人生，谈婚姻和爱情。你知道，我有一个非常不幸的家庭……”

文员：“是的，我知道。”

经理：“我觉得我们生活在一起你将非常幸福。”

文员：“是吗？这得问问我的丈夫。”

面对上司的步步紧逼，这位文员从容不迫，不卑不亢，最后把话题引到了她丈夫那里。显而易见，她的丈夫自然是不会同意的，意在言外而含义明确，经理只好知难而退。

一个机关的上司看上了一位刚到单位工作的姑娘。有一次，他以“谈工作”为名把姑娘留在他的办公室里。

上司：“你知道吗？我喜欢上你了。”

姑娘：“这是真的吗？”

上司：“是真的。我爱你的一切。你的美丽，你的聪明……”

姑娘：“难道也包括我的男朋友和他当检察官的爸爸吗？”

这个聪明的姑娘，说话可真是“绵里藏针”。她在戳穿了对方虚伪的同时，又不动声色地对其发出了警告的暗示。想想看吧，“检察官”这个词，会让上司联想到多少呢？同上一个例子相比，这位姑娘的话中锋芒一闪，但是她并没有对其上司进行针锋相对的反驳，她只是提出了一个问题，虽然寥寥数字，却表明了自己的态度和其中的利害所在，实有“四两拨千斤”之功力。

一般来说，你应该尽量不给上司单独接近你的机会，有利于防止各种意外的发生。进一步讲，你有意的回避行为也等于是告诉他：我早看出你的心思了，但我不会答应你，也不会给你机会，你最好还是死了这份儿心吧！如果上司要你下班后留下来，如果他在办公室里与你有意地谈论一些与工作无关的敏感话题，你不妨说：“对不起，现在已经下班了，有什么事明天早上再说吧!”或者说：“对不起，小李现在还在等我，可能有什么急事。”或者说：“噢！我还有一大堆报表没完成，咱们改天再说好吗？”等等，以求尽快脱离现场。

多数时候，上司对女性下属的好感是属于“色欲迷心”，冲动和迷惑是一大特色。如果你能使其冷静下来，晓以利害，他自然会权衡利弊，变得头脑清醒，处事理智。既然能在官场上摸爬滚打，他自然最清楚，也最善于“两害相权取其轻”。

有一个单位的上司自恃大权在握，认为下级都是软弱可欺的，因此对一位女职员百般纠缠。这位女职员被逼无奈，灵机一动，给那位上司的夫人打了一个电话，以知情者的身份暗示她，你的丈夫正在追求本单位的一个女人，你要是再不管管就可能出问题了。这位夫人听罢大惊，转而大怒，当晚就对丈夫进行了一番盘查和质问，自然少不了哭哭闹闹之举，搞得四邻皆知，让这位上司狼狈不堪。这位上司心中自然最清楚，同时他也领教到了对方的厉害。

为了不使事态扩大化，影响自己的前程和家庭关系，那位上司只好“鸣金收兵”。

对于某些上司的无休止的纠缠，退让是没有出路的，只能激起其征服的欲望。这时，女下属就应运用自己的聪明才智，挫一挫对方的傲气，使其尝点儿苦头，有所畏惧。当然，也有一些极品上司，仍然是“贼心不死”。这时候，你就应该考虑一下调动部门或者是直接走为上着了。

小绵羊的反击

当娱乐圈的“潜规则”被踢爆之后，职场里的同样境况也让年轻女性纳闷：这世上的事相似之处何其多也?!

受到男上司的性骚扰是女下属最烦心最愤怒又最无奈的事。如愤而辞职，又舍不得这份合适的工作；留下来，男上司那对桃花眼睛又实在令人毛骨悚然。

一般相对封闭的工作场所比较容易滋生性骚扰。有魅力的女性，尤其是那些过度表现“魅力”的女性，往往最容易成为受害的羔羊。

性骚扰的方式多种多样，有语言方式，说点下流语言进行挑逗，讲述个人的性经历，开些暧昧玩笑，或者说些带色情内容的故事；有行为方式，有假装关心或者赏识似的拍拍你的肩膀，或用力死死握住你的手不放，或开玩笑似的在办公室或楼道无人的地方摸摸你的手，拍拍你的腰、胸部和屁股，或两眼色迷迷地带电望得你浑身发毛直到起鸡皮疙瘩。

当遭遇到男上司这样的“潜规则”时，你不要害怕退缩、不言不语，否则恬不知耻的上司会以为你害羞，会继续得寸进尺！

阿卿曾经就遇到过这样的情况，上司给她发了很多比如“想你想得睡不着，爱你爱到一万年”、甚至还更黄色的信息。阿卿一直以为自己的忍耐会让这个无聊的上司意识到自己的失态与可笑，但40多岁的上司好像进入

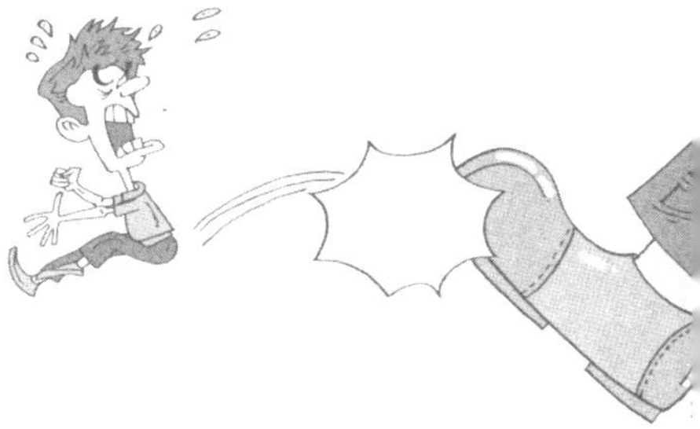

了一段心理变态的误区，黄色笑话的内容越来越低级，发送频率越来越多，让阿卿心里弥漫着强烈的厌恶之感。阿卿回复提醒他以后不要再发了，不然就把这些信息全部转给他老婆。哈哈！这招还真管用，原来这个行为下流的上司竟是个十足的胆小鬼，是典型的“纸老虎”。

后来，上司的短信确实不敢再发了，但在上班的时候又常说一些轻佻的话，阿卿并不搭理他，只是多了一些心机，把开会时做录音的采访机悄悄放在办公室的资料架旁，设置为录音状态，上司的“荤段子”就成了“按顺序排列的磁记录”。录音持续了一周，非常完整地记录了他 15 分钟的肉麻“脱口秀”。当月部门召开例会，公司老总和所有中层以上管理人员都到齐了后，阿卿按下录音的播放键，上司的 15 分钟的精彩“荤段子”足以让他尴尬一年的。

对那些仅是口头骚扰的上司，你可以绵里藏针地刺他，表示你很鄙视他的这种谈吐，他有可能收敛。在软性对抗无效或危急关头，必须用直接的语言警告和身体的奋力反抗保护自己。语言上要义正词严，表情要正义凛然，给对方起到一种威慑力的作用。上司一般都看重名利，你只要坚决宣称“你若非礼，我必控告，不怕鱼死网破”的话，他是不敢再继续造次的。

杨柳大专毕业后，文秘专业的她，过关斩将总算找到了一份办公室秘

书的工作。有一天上晚班的时候被总经理叫到办公室，刚进屋，躲在门后的总经理像贼一样地拦腰抱住她，同时不住地摸她的胸脯。这时她无法挣脱，更无法冲出门去。杨柳急奔办公桌旁，操起话筒给保安打电话。摁了几个键后，声色俱厉地警告说：“你马上打开房间让我出去，要不我就摁下最后一个号码。”总经理愣了一下，就连忙摆手说：“开个玩笑嘛！”

杨柳那时候没有男朋友，为了摆脱总经理的纠缠，就抓了一个死党每天送她上下班。这个“色总”就此老实了！不过杨柳后来还是利用一个机会跳槽到一家新公司，离开了那里。

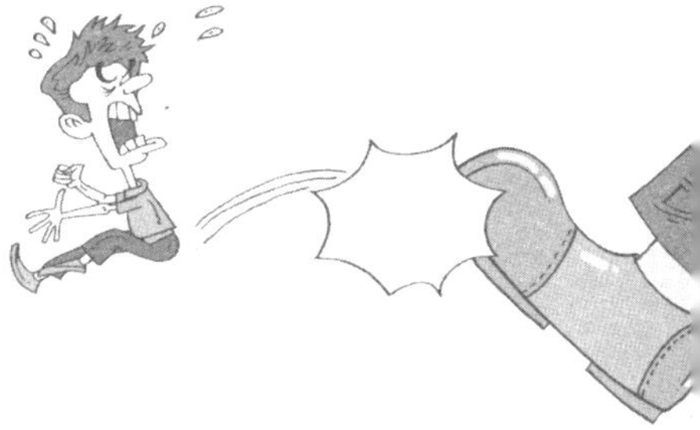

与女性上司共舞

白领丽人说：就怕跟女上司打交道；也有一些白领哥们说：跟女上司一起工作，好难缠，很累心。大概很多女上司没想到，她们在下属心中，竟然是这么一个形象。女上司给人的第一印象是泼辣、霸道以及强势如王熙凤似的女强人。其实，女上司也有温柔的一面。她们或精明干练、遇事沉稳，或柔情似水、年轻美丽，或经验丰富、见多识广，或专业精通、学有所长，或飞扬跋扈、独断专行，或循循善诱、堪为人师。

女上司的第一身份是“上司”，你尽可按照管理学教科书关于领导者的定义去给她归类，也尽可以遵守或抗拒她的指令，还可以褒贬她的业绩。但她毕竟又是“女”上司，你总不能像对待男上司一样，和她拍桌子瞪眼；也不能经常推杯把盏，称兄道弟。

办公室里的戏剧，如果女人是主角，那戏自然就会更好看些！尤其是女上司领衔出演，即使不是美女也同样出彩……如果你现在的顶头上司是一位女性，那就要祝贺你生命中出现了一位精灵。

当然，戏剧好不好看，也要看唱本怎么样。女上司最讨厌看不起女人的男人。当她感到没有面子时，可能会处处为难你，遭遇女上司的男职员会遇到许多尴尬，尤其是大男子主义的忠实信徒，在任何时候都会如履薄冰。所以，第一要旨就是抛弃大男子主义。

尽管如此，你虽不至于低眉顺眼，但至少要在人前人后呈现出你对女上司的尊重来。不要笑自己太没劲，你在自己老婆面前怎么做，就在女上司面前怎么做。既然女上司是女人，就免不了有时把你当老公使唤——此处取象征意——拿你当出气筒子。女上司的个性往往一半是自大，一半是自卑，内心异常敏感，作福作威的同时，又唯恐遭下属们的唾骂。她脑子里总是紧绷着一根弦，时刻警惕公司内的舆论动向。作为上司的她同样会从她的上司那里得到巨大的压力，而女人也更容易把情绪写在脸上。

对一些男职员而言，女上司似乎具有某种可笑的恐惧感。其实，女上司首先是女人，是女人就必定有女人的特点，例如，喜欢“说”给你听——在此不用“倾诉”这个有“暧昧”嫌疑的词儿，因此，你要时刻把

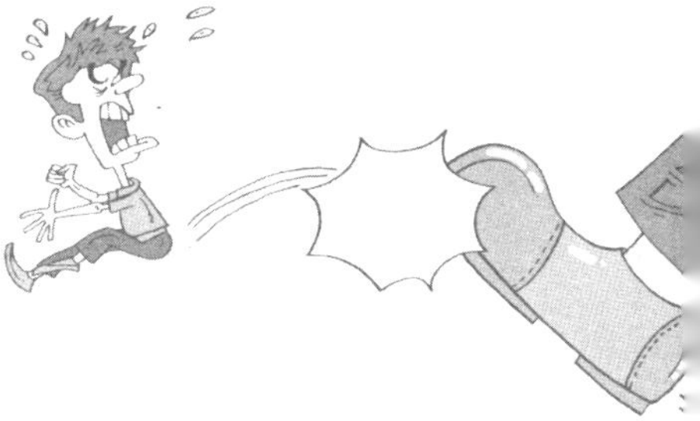

耳朵支棱起来作洗耳恭听状，以满足她把秘密的、无所谓的、陈谷子烂芝麻的事情一股脑儿说出来的欲望，该记住的你一定要记住，不该记住的10秒钟之内忘掉。由于女上司把精力过分地放在增加自己的气质上，因此工作中难免顾此失彼。这时，你要有三头六臂八面玲珑兼一双左右逢源的手，时刻扑向她放的火、补好她捅的窟窿。

男人是火，女人是水。如想与女上司相处得轻松愉快，你要有火藏于水中而不熄的本领。在女上司面前你即使是一根黄灿灿的金条，也要摆出是一根稻草的姿势。男职员做事经常粗枝大叶、大大咧咧，但在女上司面前，你最好收敛些、规矩些，做得仔细些。她们明察秋毫，敷衍是没有任何用处的，不要幻想耍些小花招躲过她们的眼睛。要努力做得更多、更好些。

如果女上司哪天又突发奇想，交办你去做一件根本没法完成的事，你一定要首先附和，对女上司的态度只能全盘接受，干起来再另谋良策。而且行动最好要像马那样快捷，如虎那样果敢，然后再用织毛衣的手法一点一滴地讲出行动渺茫的可能性。如果她依然坚持，那就按错的去做，再把一塌糊涂的结局摆给她看。此时你脸上的表情绝不能幸灾乐祸，而要做出一副伤痕累累的样子。她是硬铁，你就只能是软泥。如果哪一天你不小心撞到枪口上，吃了她一通无名火，你首先要明白她是不是针对你的，最后干脆说句“好男不和女斗”安慰一下自己算了。

太多的“职场圣经”都在强调女下属要保持与男上司之间的距离，尤

其是不要在感情方面越过了界。对女上司而言，也是这样，作为男性职员一定要有男人的爱心，但绝对不是爱情。她们太需要爱了，而权力使她们无力承受滚烫的丘比特神箭。这玩意让人欢喜让人忧，对善于变幻的女上司尤其如此。但有一条须记住，女上司如果已婚，你有幸和她握手时，最好蒙上眼睛。她投之以桃，你报之以李，掌握住桃李均衡的原则即可，而决不能心潮澎湃地整个身心全部献出去。对女上司，凡事悠着点，“恋母情结”更是要不得的。如果你爱你自己，就不要爱你的女上司。

工作之余，可以跟她聊聊天、说说家常，以增进彼此的了解。不妨向她透露你心中的一些小“心事”，激起她作为女人温柔的天性。让她参与你的决定，这样她会感觉你对她的信赖。你可以仔细揣摩她的性格脾气、工作方式、价值标准、生活规律、兴趣爱好等，但就是不要问她的年龄、家庭和感情，这些东西对女人而言比较私密。有的不能问，有的不便问，总之这种话题应尽量由她提起。有很多只有同性间才能开的玩笑，千万不要用在女上司身上，否则后果不堪设想，还要切忌肢体语言过于丰富。

平时帮助女上司拎拎包，干干重活，修修电脑，这些细节在很多女上司看来都是绅士风度的表现，也让你自己觉得英雄有用武之地。如果你就是为那个女人拎包的“优秀男人”，说不定，你的机会就藏在那个精美的包里了。

女上司眼里的缺陷男

办公室因女性的存在而细腻温馨，因男性的存在而生气勃勃。激烈的职场竞争不仅让女上司变得坚强，同时也让一些男下属变得猥琐。但作为男性，在女上司手下工作，除兢兢业业地做好本职工作外，应义不容辞多做工作并做好它，尽显自己的绅士风度。

绅士风度是女上司最为看重的，做到上司，她也不是一般的女人了，免不了会用更挑剔的眼光来看男人。你是她的下属，有更多的机会让她看，优点与缺陷尽收眼底，如果经常拎拎包什么的能增加一些绅士风度赢得她的好感还好，要是有些缺陷被她看在眼里，记在心里，你的日子可能就不大好过了。

下面举的这几个例子都是一些有缺陷的男下属：

说起来很全能。上司安排他做点事，问有困难没，他会把胸脯拍得如六月雷，说绝对没问题，但最后还是带着一大堆问题回来。上午9点下楼到街对面的文具店买两包复印纸，到中午大家吃过盒饭后，他才打的回来，还说自己累得够呛。

舌头下面藏小道。女人嚼舌头还透着点生活气息与女性情调，男人嚼舌头总让人浑身不舒服，甚至会打寒战。把不住口风，在办公室里饶舌不休，还常常说话不留口德，有事没事就爱在同事面前大谈上司的“性丑闻”，或热衷于打探某某要升职、某某要“挨批”的消息，到处煽风点火，

唯恐天下不乱。

上班穿得太随便。虽然单位没有规定着装，但要自觉点，上班毕竟不是在家里，在办公室转悠就好像自己在逛街，邋里邋遢，又穿得很东南亚，花里胡哨的；虽然穿得很时髦，但你还得照顾你的同事、特别是女同胞的情绪及办公室的气氛；有时还抠抠鼻子、挖挖耳屎，有时还让人产生这小子是苍蝇转生的联想。

办公室里学蜡笔小新说话的男士还自以为品位与众不同，其实恶俗到极点。嗲声是女性的专用声，在上司面前你要什么也千万别要“娘娘腔”，女上司听多了肯定会生闷气。再加上 100 米远就能闻见你身上的香水味，任谁也受不了，不管是讽刺还是取笑你，那都是对你的爱护。

还有一些既矫情又很标榜作派的人，既黏且腻，时常动不动就翘起兰花指说，抽烟只抽什么烟、喝饮料只喝什么饮料，什么从来就喜欢不干什么、从来就不喜欢去什么地方，奥巴马的就职演讲在他眼里充其量就是一篇小学六年级的作文之类，整得自己跟广告明星似的，一副成功人士的派头。

上班时最关心股市行情，跟国内最蹩脚的股评家有一比，天天有“绝对可靠”的小道信息传递。说起自己来更是自高自大、自以为是，分分钟不忘夸耀自己，每件事都要显出知道得比你多，好像全世界他最渊博、最

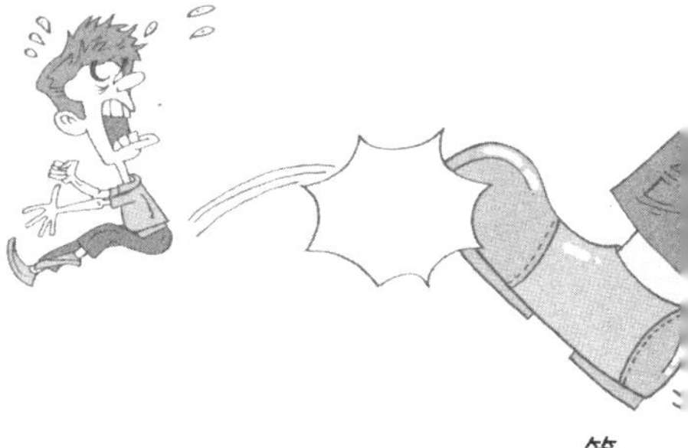

能干、最多金、最英勇、最性感……其实整个部门背地里对他一致的评价是最可笑。

吃饭的时候，只要上司不在，喜欢在办公室讲荤段子，开很恶俗的玩笑。或者从某个色情网站上下载一幅低级庸俗的美女图，做成电脑墙纸，作无视女同胞状，还津津有味地作一些简评，感觉自己说的每一句还都挺出色。

平时没事充豪气干云的侠客义士，但跟女同事一起吃饭时，又打着节俭旗号来和你玩 AA 制。凡是新来的人都要排挤一下，一边摆出老资格，一边把你指挥得滴溜溜转，一会儿又让你帮他冲咖啡，一会让你替他买盒饭，一会让你替他值班，整一个大爷的派头。

心情好时硬要大家分享他的罗曼史；心情不好就整天一副林妹妹的样子，总是生活在愁云惨雾中，害得大家跟着胃酸倒流。稍不如意，当着众人的面喝令你、给你难堪，跟他相处如同身处炸药库，火星一溅时刻有被炸飞的危险。轻则在电话里互相对骂，最后以摔电话的方式结束交谈。吼声常常在办公室里“余音绕梁”，一点也不顾及胆小美眉的哆嗦，到最后遭到美女上司忍无可忍的痛斥才刹住尾音。

作为女性上司，当她对这些缺陷男下属都了如指掌之后，即使她不杏目圆睁立即扫之出门，也会不由得长叹一声——苍天啊！